融媒体版

入眼 · 入脑 · 入手 · 易教 · 乐学

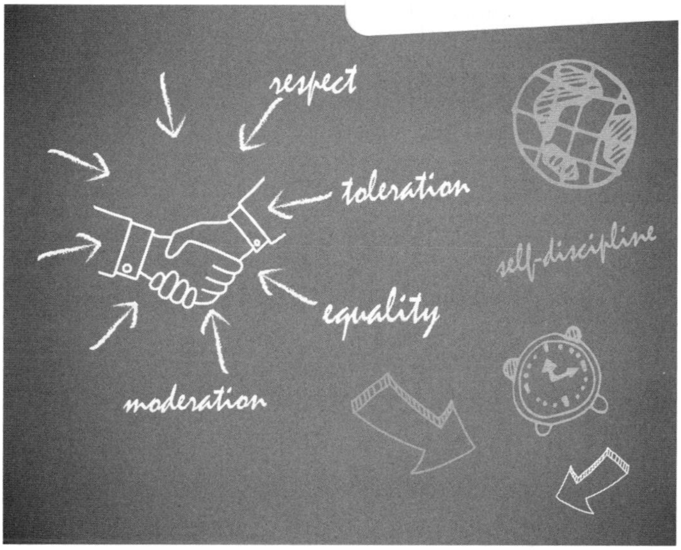

高等职业教育公共基础课系列教材

大学生基本职业素养

DA XUESHENG
JIBEN
ZHIYE SUYANG

马　蜂 /主　审
文峥嵘　叶　蓉 /主　编
刘兆青　徐国英 /副主编
刘　倩　张素君　向文婧　宋瑶瑶　彭　波 /参　编

北京师范大学出版集团
BEIJING NORMAL UNIVERSITY PUBLISHING GROUP
北京师范大学出版社

图书在版编目(CIP)数据

大学生基本职业素养/文峥嵘，叶蓉主编．—北京：北京师范大学出版社，2021.6(2025.7 重印)

ISBN 978-7-303-26955-6

Ⅰ.①大… Ⅱ.①文… ②叶… Ⅲ.①职业道德—高等职业教育－教学参考资料 Ⅳ.①B822.9

中国版本图书馆 CIP 数据核字(2021)第 078908 号

DAXUESHENG JIBEN ZHIYE SUYANG

出版发行：北京师范大学出版社 https://www.bnupg.com
北京市西城区新街口外大街 12-3 号
邮政编码：100088

印　　刷：天津中印联印务有限公司
经　　销：全国新华书店
开　　本：787 mm×1092 mm　1/16
印　　张：19.25
字　　数：330 千字
版　　次：2021 年 6 月第 1 版
印　　次：2025 年 7 月第 5 次印刷
定　　价：43.00 元

策划编辑：鲁晓双　　　　责任编辑：鲁晓双
美术编辑：焦　丽　　　　装帧设计：焦　丽
责任校对：康　悦　　　　责任印制：赵　龙

前　言

当前，新一轮科技革命的到来、国际产业格局的重塑与我国经济发展方式的转变形成历史性交汇，加快培养具有良好职业素养的复合型人才，为我国现代制造业、现代服务业、现代农业发展提供优质人力资源已经形成迫然之势。近年来，社会人才需求与高校人才培养质量之间的矛盾越发突出，为培养多层次高质量的技术技能人才，国家、地方到高校各个层面都开始重视人才职业素养的培育问题。为更好地把习近平总书记对职业教育"大有可为"的殷切期盼转化为"大有作为"的生动实践，大力弘扬工匠精神，推动我国职业教育实现提质培优，2019 年教育部发文明确将职业素养列入必修课或限定选修课，以立德树人为核心，健全德技并修育人机制，推动习近平新时代中国特色社会主义思想进教材、进课堂、进头脑，加强职业道德、职业素养、职业行为习惯培养，深化职业精神、工匠精神、劳模精神等专题教育。为响应国家号召，教材编写团队以课程思政为抓手，立足大学生"德智体美劳"全面发展的要求，联合企业资深管理人士合力撰写了本书，力求为大学生尤其是高职师生提供实用、好用、爱用的基本职业素养教材。

职业素养内容复杂且广泛，其核心内涵的界定主要依据美国著名心理学家麦克利兰 1973 年提出的"素质冰山模型"理论。该理论认为个人的内驱力、动机、个性品质、自我形象、态度等都属于深藏水下的鉴别性素质，而这些素质恰恰是区分绩效优异者与平平者的关键。本书编写团队人员均为职业素养一线授课教师，多年来致力于研究社会职业成功与校内职业素养培育的内在关系。研究发现，职涯资本（"知道做什么事""知道如何做事""知道职场中的我是谁"）是促成职业成功的重要因素，职涯资本的可积累性和可复制性是职业素养有效教学的起点和归宿。基于对职业素养内涵和教育规律的认知，在国家"一带一路"发展战略指引下，教材编写团队将课程思政元素贯穿于"职业道德与精神、学习能力、问题解决能力、沟通能力、自我管理、团队合作、信息素养、商务礼仪以及国际职业素养"九大学习领域；在教材的呈现方式上，以内容模块化、案例直观化、训练阶段化的原则组织内容。力求让学习者不仅了解基本职业素养的主要内容，更通过内化于心、外化于行的学习方式达到知行合一、学以致用的学习效果。

本书脱胎于信息技术与基本职业素养培育高度融合的沙盘教学课程，集合了教材编写团队数年一线教学研究的精华与心得，充分体现了“体验式学习、情境式学习、信息化学习”的编写理念，是集理论知识与职场情境训练于一体的创新型沙盘融媒体教材。本书所用教学内容和沙盘训练方法已在高等职业学校实施三年以上，教学效果良好，广受学生欢迎。因此，本书作为教材适用于高等职业院校、中等职业院校和社会人士的职业素养教育和培训。

本书由马蜂教授担任主审，文峥嵘、叶蓉担任主编负责全书的设计、统稿、改稿和校订，刘兆青、徐国英担任副主编负责部分内容的修改和修订。本书的编者来自不同高校，也有企业人员参与编著，具体章节分工如下：徐国英编写第一章、第二章；张素君、刘兆青编写第三章；文峥嵘、刘兆青编写第四章、第五章；刘倩编写第六章；宋瑶瑶(企业)编写第七章；彭波、文峥嵘编写第八章；文峥嵘编写第九章；向文婧编写第十至第十二章。

特别需要说明的是，本书的编写借鉴了众多专家学者的研究成果和相关文献资料，已尽可能地在参考文献中列出，如有疏失敬请原谅。限于编者学识，书中难免会有不足和疏漏之处，恳请各同仁读者不吝指正，在此深表感谢。

希望本书能为大学生的职业发展和自我实现夯实基础、添砖加瓦，让更多学生在社会中一展所长，实现自我价值，在国家富强、民族复兴的征途上大有作为。正如梁启超先生在《少年中国说》中所书：“纵有千古，横有八荒。前途似海，来日方长。美哉我少年中国，与天不老！壮哉我中国少年，与国无疆！”

编者

目　　录
CONTENTS

目　录
CONTENTS

概　论　走进职场

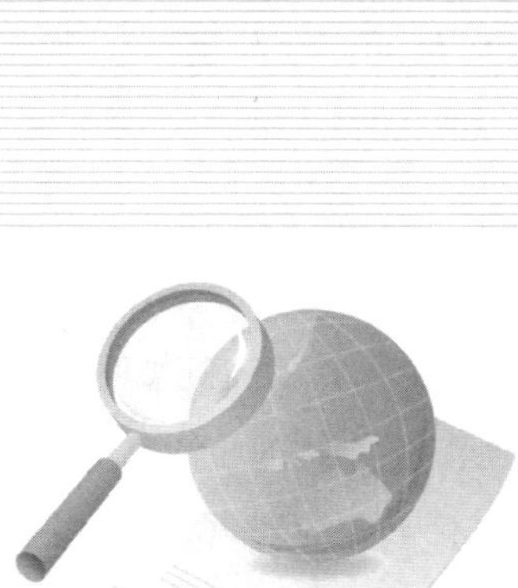

请大家想一想这几个问题：

为什么同样的工作，有的人做起来吃力，有的人轻松而惬意？

为什么同样的工作起点，有的人几年就成为公司的佼佼者，而有的人一直毫无进步？

为什么同样是工作，有的人能感觉到成就感和人际交往的快乐，而有的人却感觉压力颇大，喘不过气来？

这些问题存在于各行各业，也曾出现在你的亲人、同学、同事的身边，如果他们曾为此困惑，如果你现在正为此困惑，请带着疑惑认真学习职业素养。职业素养带给你的不仅仅是财富，更是精神上的满足，还有对生命和社会深深的敬畏与责任。

工作之前，许多同学认为职业素养表现为能够显示技术实力的证书，也有许多同学认为职业素养体现在会和不同的人打交道，如果你也曾认真地想过职业素养是什么，那么请想一想以下这些场景为什么会发生。

①小李毕业于美术学院，绘画功底一流，刚进入设计公司时，各级领导都很看好他。可是两年过去了，很多人都不愿意与小李一组，他与上级领导间的关系也不和谐，工作非常不顺心。他提出了辞职，临走前，招聘他的领导语重心长地说："会说才能做好事。"

②王刚和刘祥是同一批进入4S店的销售人员。三个月的试用期过去了，王刚才刚刚把最新款产品手册背熟，可是刘祥已经掌握了店里所有车型的产品手册内容，甚至还掌握了竞争对手的产品性能和特点。王刚想不通，工作这么辛苦，刘祥哪有那么多时间掌握这么多内容呢？

③一人路过一个正在施工的建筑工地，问三个砌砖工人："你们在做什么？"第一个工人很不耐烦地回答："你没看见吗？我在砌墙呢！"第二个工人回答："我正在盖一座大楼。"第三个工人回答："我正在建造一座城市。"十年之后，第一个工人还在砌墙，第二个工人成了一名建筑工地的管理者，第三个工人则成了这个城市的领导者。

一、 职业素养成就出彩人生

美国教育家约翰·杜威曾说过：“职业是唯一能使个人的特异才能和他的社会服务取得平衡的事情。天下最可悲的事，莫过于一个人不能发现一生的真正事业，或未能发现他已随波逐流或为环境所迫陷入了不合志趣的职业。”

每个人都渴望拥有一个理想的职业，实现自己的人生理想和价值。那么，就让我们一起走进职业的世界，为自己的职业蓝图做一个初步的准备吧。职业素养犹如一只无形的手，你看不见它，但它无时无刻不在发挥着关键性甚至是决定性作用。一个人职业素养的高低，直接关系到他一生的职业成就。一流的员工一定拥有一流的职业素养。

（一）职业素养是实现理想的发动机

职业素养的高低，不仅仅关乎一个人的就业，更加关乎一个人职业理想的实现。职业理想是人生理想的重要组成部分，是人们对未来工作部门、工作种类的向往，以及对职业发展水平与程度的期望。良好的职业素养驱动个人全身心地投入自己的职业当中，把职业当成事业，不断激励自己。饱满的工作热情、端正的工作态度、负责的工作精神、规范的职业行为就像发动机，推动着从业者提高工作效率，在职业发展的道路上披荆斩棘，实现自己的职业理想。

（二）职业素养是能力发展的加速器

职业素养要求从业者要随着社会发展动向而成长，重视职业素养的人内心有一股强大的动力，鞭策自己不断学习新知识、涉足新领域，因此职业素养是促进人提升能力、向前发展的加速器。习近平曾说：“不论是成就自己的人生理想，还是担当时代的神圣使命，青年都要珍惜韶华、不负青春，努力学习掌握科学知识，提高内在素质，锤炼过硬本领，使自己的思维视野、思想观念、认识水平跟上越来越快的时代发展。”在现实生活中，一个努力全面提高自己职业素养的人，往往是严格要求自己的人。

（三）职业素养是美好生活的助推器

2005 年，中国人力资源开发网曾进行了一次“你为‘什么’而工作”的调查活动。根据收到的 7632 份有效问卷，人们发现中国人最为看重的工作价值观主要有五项。

这五项为：①能够被人尊重；②自己在工作方面能够有影响力；③工作对个人成长有帮助；④工作上有成就感；⑤工作能够得到认可。从中我们可以发现，大多数人在职业活动中最看重的并不是薪资、福利等外部回报，也不是职业是否稳定、工作环境是否良好等外界条件，而是一些关涉内在的回报，它与个人在职业活动中的内在体验与感受直接相关。

无论是促进能力发展，还是实现职业理想，提高职业素养的最终目的在于造就美好生活。美好生活的形态因人而异，每个人都有对于美好生活的自我界定。它无关经济条件和物质条件，而是与人内心的感受直接相关。职业素养对人的精神和行为具有调控作用。健康、积极的职业情感能使人的职业生活充满色彩，使其职业活动成为愉悦的精神享受过程。反之，则会使人的职业生活暗淡无光，对本职工作产生厌倦，甚至会对从业者产生破坏性的消极作用。

二、 认识职业素养

在童年或青少年时期，抑或现在，我们心中总是对未来充满幻想，想象着自己将来要成为什么样的人，憧憬着自己将来要从事什么样的职业。也许有的人想成为教师，有的人想成为画家，有的人想成为科学家，有的人想成为军人，等等。那到底什么是职业？职业与事业又有何区别呢？

（一）职业

在我国，“职业”一词最早出现于战国时期。《荀子·富国》中记载：“事业所恶也，功利所好也，职业无分，如是，则人有树事之患而有争功之祸矣。”这里的“职业”是指官事和士、农、工、商四民之常业。从历史发展来看，职业是随着社会分工的形成而逐渐产生的。社会分工不断细化，社会需求不断增多，因而新的职业不断产生。同样，不再为社会所需要的职业也会逐渐萎缩直至消亡。在现代社会，职业的重要性日渐显现，它代表了人们在社会中的一种工作方式或生活方式的选择。

1. 职业的含义

关于职业的最初含义，《说文·耳部》中记载：“职，记微也。”职，本义为记住微妙的事物，听而记之；后引申为主宰、掌管、承担，如“职掌”。职用作名词时，指所掌管的分内事，分内应做的工作、应尽的职责，如“天职”“尽职”。由掌管又引申指执行事务所处的一定地位，如“官职”“职能”。现在又引申指作为主要经济来源的工作，如“职业”“求职”。[①]《现代汉语词典(第7版)》将“职业”解释为“个人在社会中所从事的作为主要生活来源的工作”。我国学者程社明认为，“职业是参与社会分工，利用专门的知识和技能，为社会创造物质财富和精神财富，获取合理报酬，作为物质生活来源，并满足精神需求的工作”。因此，职业的含义主要包括四个方面：与人类的需求及职业结构相关，强调社会分工；与职业的内在属性相关，强调利用专门的知识和技能；与社会伦理相关，强调创造物质财富和精神财富，获取合理报酬；与个人生活相关，强调物质生活来源，并涉及满足精神生活。[②]

所以，从个人角度出发，职业是指人们为了谋生和寻求发展，而从事的相对稳定的、有经济收入的某种专门类别的脑力或体力劳动，是人们在不同组织、不同时间从事相似活动的一系列工作的总称。从社会角度来看，职业是从业者在社会活动中获得相应的社会角色，承担一定的义务和责任，并获得相应的报酬。总之，职业是对人们生活方式、经济状况、文化水平、行为模式、思想情操的综合性反映。

2. 职业的特性

第一，功利性(经济性)。职业的功利性或经济性，是指职业作为人们赖以谋生的劳动过程所具有的逐利性。从个人角度看，人们从事特定的职业，必然从职业劳动中获得经济报酬，以达到满足自身生存和发展的需要。职业是个人获得经济收入的来源，是个人维持家庭生活的手段。从社会角度看，职业劳动创造出社会财富，从而为社会的存在和发展奠定物质基础。职业活动既要满足职业者自己的需要，同时，也要满足社会的需要，只有把职业的个人功利性与社会功利性相结合起来，职业活动及其职业生涯才具有生命力和意义。

第二，社会性。职业的社会性，是指职业由人来承担，人从事了某种职业，也就参与了某种社会劳动。同时，不同的职业在社会中扮演着不同的角色，也承担着相应的社会责任，因此，每种职业都要尽社会义务。比如，法官既是一种职业，也是一个社会角色，就要承担起维护法律尊严、维护社会秩序的社会义务。

第三，稳定性。职业的稳定性，是指一种职业产生以后不会转瞬即逝，它总是

---

① 张章：《说文解字下》，623页，北京，中国华侨出版社，2012。

② 程社明、卜欣欣、戴洁：《人生发展与职业生涯规划》，31页，北京，团结出版社，2003。

要相对稳定地存在一个时期。因为社会发展到一定阶段时，会达到一个相对稳定的状态，尽管生产力仍在不断发展，但是职业总是和社会的总体发展进程相对应，所以职业会在一个时期内稳定存在。而且，有些职业不因社会形态的更替而消失，一直存在于人类社会中，比如教师职业。

第四，规范性。职业的规范性包含两层含义：一是指职业内部的规范操作要求；二是指职业道德的规范性。不同的职业在其劳动过程中都有一定的操作规范，这保证了职业活动的专业性。不同职业对外展现其服务时，还存在一个伦理范畴的规范性，即职业道德。这两种规范性构成了职业规范的内涵与外延。

第五，专业技术性。每一种职业都有一定的技术含量或技术规范要求，需要人们进行专门的学习与训练，具备专业的知识、能力和特有的职业道德品质。而且，所有的职业岗位都对任职者学历证书、职业资格证书、专业技术考核证书、上岗培训合格证、专业工作年限等有具体规定。

3. 职业的分类

根据社会经济发展的需要，我国第一部《中华人民共和国职业分类大典》于 1999 年 5 月正式颁布实施。近年来，由于经济社会的不断发展，我国社会职业构成发生了很大变化。为适应发展需要，我国参照国际标准职业分类，从实际出发，对社会职业的划分与归类进行了修订。2015 年新版《中华人民共和国职业分类大典》将职业分为 8 个大类、75 个中类、434 个小类、1481 个职业。8 个大类分别是：①党的机关、国家机关、群众团体和社会组织、企事业单位负责人；②专业技术人员；③办事人员和有关人员；④社会生产服务和生活服务人员；⑤农、林、牧、渔业生产及辅助人员；⑥生产制造及有关人员；⑦军人；⑧不便分类的其他从业人员。

2019 年 4 月，人力资源社会保障部办公厅、市场监管总局办公厅、统计局办公室确定了 13 个新职业信息，这是自 2015 年版《中华人民共和国职业分类大典》颁布以来发布的首批新职业。这 13 个新职业为：人工智能工程技术人员、物联网工程技术人员、大数据工程技术人员、云计算工程技术人员、数字化管理师、建筑信息模型技术员、电子竞技运营师、电子竞技员、无人机驾驶员、农业经理人、物联网安装调试员、工业机器人系统操作员、工业机器人系统运维员。本批新职业主要集中在高新技术领域。

【小贴士】

新兴职业的主要特点①

产业结构的升级催生高端专业技术类新职业。近几年，随着我国人工智能、物联网、大数据和云计算的广泛运用，与此相关的高新技术产业成为我国经济新的增长点，对从业人员的需求大幅增长，形成相对稳定的从业人群。人工智能工程技术人员、物联网工程技术人员、大数据工程技术人员和云计算工程技术人员4个专业技术类新职业涌现。

科技提升引发传统职业变迁。随着新兴技术的采用，工业机器人替代生产流水线上简单劳动力的做法在部分地区得到推广，与机器人相关的生产、服务和培训企业蓬勃发展。工业机器人的大量使用，使得市场对工业机器人系统操作员和系统运维员的需求激增，工业机器人系统操作员和系统运维员成为现代工业生产一线的新兴职业。随着无人机技术的成熟，利用无人机完成一些人类难以完成的高难险和有毒有害工作成为可能，通过无人机可以进行植保、测绘、摄影、高压线缆和农林巡视，无人机在物流等领域也拥有广阔的应用空间。大量无人机的使用，使无人机驾驶员成为名副其实的新兴职业。

信息化的广泛应用衍生新职业。信息化如同催化剂，使传统职业的职业活动内容发生变革，从而衍生出新职业，如数字化管理师、建筑信息模型技术员。随着物联网在办公、住宅等领域得到广泛应用，信息化与现代制造业深度结合，物联网安装调试从业人员需求量激增。近几年，在国际赛事的推动下，基于计算机的竞技项目发展迅猛，电子竞技已成为巨大的新兴产业，电子竞技运营师和电子竞技员职业化势在必行。在农业领域，农民专业合作社等农业经济合作组织发展迅猛，从事农业生产组织、设备作业、技术支持、产品加工与销售等管理服务的人员需求旺盛，农业经理人应运而生。

4. 职业与事业

我国著名学者朱光潜曾说过：每个有志气的人，在他的生平都不免为三件事操

① 《13个新职业主要集中在高新技术领域》，载《重庆科技报》，2019－04－09。

心。在学校时代，他关心学业；离开学校，他关心职业；有了职业，他关心事业。[①]美国学者爱默生也曾说过：在年轻人的颈项上，再也没有什么比事业心这颗灿烂的珠宝更迷人的了。那么，什么是事业呢？事业与职业又有何关系？

(1)职业和事业的含义

《现代汉语词典(第7版)》将“事业”定义为：“人所从事的，具有一定目标、规模和系统而对社会发展有影响的经常活动。”因此，事业具有目标性、经常性、持续性或长期性。职业与事业既有一致性，又有非一致性。从一致性来看，职业不仅是个人获得基本生活保障的基础，更是个人获得事业成功、实现人生价值的基本前提。职业是事业的初级阶段，职业是事业的载体。正如轮船上的船长，船长是职业，而船长要领导全体船员到达彼岸却是事业。从非一致性来看，事业是终生的，而职业是阶段性的。职业是人们为获取主要生活来源而从事的社会活动，它强调的是一种谋生手段和经济上的合理回报，所以，每个有劳动能力的公民都应该从事一定的职业。但拥有职业并不一定拥有事业，当职业不能解决个人的归属感，不能体现个人的人生奋斗目标和理想时，职业仅仅是一种社会劳动岗位，而永远无法成就个人的事业。

(2)职业和事业的区别

虽然事业和职业只有一字之差，但表达的却是两种完全不同的概念和心态，彰显的是迥异的人生态度和价值观，体现的是不同的工作理解和解读，显示的是不同的心灵境界和高度。把工作仅仅当成谋生的手段，还是当成终生为之奋斗的事业，工作目的不同，直接造成平凡与卓越的差距。把工作当成事业来干，意味着胸怀壮志，工作中渗透的是一种干事业的激情，这种激情，就是“想干事、会干事、干成事”，就是一种面对机遇，敢于争先；面对艰险，敢于探索；面对落后，敢于奋起；面对竞争，敢于创新的勇气。由于事业是我们自愿和乐意主动去做的事，所以，在做事的过程之中，它能够激发我们最大的热情和激情，能够激发我们最大的积极性和创造性，能够让我们体验到最强烈的希望与失望，感受到最大的欢喜与伤悲。“君子谋道不谋食，君子忧道不忧贫。”把工作当作职业，虽然也会恪守职业道德、尽心尽力地工作，但那不是自发的，是为物质谋的；把工作当作事业，追求完美境界、

---

① 朱光潜：《朱光潜谈修养》，275页，沈阳，万卷出版公司，2016。

创造性地工作，这才是自觉的，是为理想谋的。

我国学者周国平曾说过："最理想的情形是，事业和职业一致，做喜欢的事并能以之谋生。"当职业和事业一致时，人们是既快乐又幸福的。如果一个人能在自己的职业中找到归属感，就解决了职业和事业的矛盾。把职业与事业结合在一起来做的人，是非常幸运的，也是最有机会做出成就的人。职业只给我们一个位置，而事业能给我们一个未来。

（二）职业素养

素养，作为中国人创造和保有的一个词，作为对人的学识能力、精神气质、修行涵养等内在品质的综合性描摹标准，已经在千百年的时空流转中孕育出了独特的中华文化气息。① 素养，是一个人内在的稳定的品质，是一种内在的生命涵养，是知识、能力、信念、道德、行为习惯、职业意识等方面的集中体现。一个人的素养，体现在他日常生活中的举止、仪表、思想、知识、技能等方面，是个体通过长期学习和锻炼形成的。

1. 什么是职业素养

职业素养是指完成职业活动所必需的基本意识、情感、态度、知识和技能的综合，是从业者在职业活动中体现出来的职业道德、职业精神状态和职业能力等综合品质水平。职业素养在职场中具体量化表现为"职商"（career quotient，CQ），是从业者在进行职业活动时智商与情商的综合体现。

职业素养是与职业发展密切相关的复合型能力与精神特质，它包含职业精神、情感、道德、技能和行为的协调反应，具有实践性、生成性、通用性等基本特征。我们用美国学者莱尔·M. 斯潘塞的"素质冰山模型"理论来对职业素养的内涵做进一步的说明。该理论认为，一个人的素质犹如海中漂浮的一座冰山，浮在水面以上的可以看得见的部分只有1/8，这部分代表了基本知识、专业技能，是人们看得见的显性的职业素养，这些可以通过各种学历证书、职业证书来证明，或者通过专业考试来验证，也比较容易通过培训来改变和发展。而隐藏在水面以下的冰山部分占整体的7/8，是人们看不见的、隐性的职业素养。水下部分代表了动机、个性特征、价值观等，这些才是决定人的行为的关键因素。显性职业素养和隐性职业素养共同构成

① 张景彪：《素养教育》，3页，北京，清华大学出版社，2012。

了一个人应具备的全部职业素养。隐性职业素养决定、支撑着外在的显性职业素养，显性职业素养是隐形职业素养的外在表现。(图0-1)

图0-1　素质冰山模型

2. 什么是基本职业素养

基本职业素养是职业人将工作做好应具备的最基本、最核心、最关键的素质和能力。基本职业素养一般是指那些可以在不同岗位之间进行迁移的、具有普遍性和基础性的职业意识和能力。基本职业素养的构成可以分为三个部分：职业道德(诚信与质量、责任与服务、敬业与专注)，职业能力(学习能力、沟通能力、问题解决能力、自我管理能力)，职业行为习惯(团队协作、信息应用、职场礼仪)。这三个部分是影响一个人职涯成长的可迁移能力和可持续发展素养。

基本职业素养具有以下特征：

普适性。不同的职业对岗位要求不尽相同，但对基本职业素养的需求却是一致的。

稳定性。一个人的基本职业素养是在长期执业中日积月累形成的。它一旦形成便具有相对的稳定性。

内在性。基本职业素养往往呈现为一种隐形素养，是从业人员在长期的职业活动中，经过自身学习、认识和体验，从而有意识地内化、积淀和升华而成的心理品质。

3. 什么是职业化素养

职业化，就是专职化和专业化。职业化素养就是基本职业素养的专职化和专业化，它是基本职业素养在一定行业内的深化和延伸，其内涵包括：职业化的工作态度、职业化的工作道德、职业化的工作技能和职业化的工作形象。简单地讲，职业化就是一种职业活动的标准化、规范化、制度化，即在合适的时间、合适的地点，用合适的方式，说合适的话，做合适的事。职业化是现代化过程中的必然产物，其主要是为了提高劳动生产率，保证企业工作的品质达到一定的标准。任正非曾说过："什么是职业化？就是在同一时间、同样的条件，做同样的事的成本更低，这就是职业化。在市场竞争中，对手优化了，你不优化，留给你的就是死亡。"①

职业化素养是基本职业素养与特定行业要求相结合的理想产物，也是基本职业素养发展的必然方向。关于职业化素养，我们可以将整个职业化素养比喻成一棵大树，那么它的体系呈现为一种"树形"结构，最重要的"根部"就是职业化的理念和心态，"树干部分"是职业化的方法和技能以及有关的工具，"枝叶部分"则是职业化的形象和礼仪，如图 0-2 所示。

图 0-2　职业化素养成长模型图

（资料来源：高亚军，《大学生职业生涯规划（职业素养与能力篇）》，3 页，北京，北京理工大学出版社，2015。）

---

① 封智勇、王欣、余来文等：《职业素养》，10 页，福州，福建人民出版社，2014。

（三）职业素养提升策略

1. 提升职业化素养

职业素养的专业化，是个人走向职场，成为职业人所必需的过程。如何提升自己的职业化素养，一般来说，首先需要培养职业意识，确定职业方向。职业意识就是全方位地培养职业兴趣，立下职业目标。职业意识在职业化过程中起着关键作用。其次，提升职业化素养还应培养职业化心态，提升职业高度。态度是一个人对待事物的一种驱动力，不同的态度将产生不同的驱动作用。

2. 知行合一

知而不行非真知。开启成功之门的钥匙，不是美丽动听的语言，而是实实在在地付诸行动，并持之以恒。俗话说，天下事，不在难知，而在难行，不在难行，而在难以知行合一。提升职业素养的过程，是内化于心、外化于行的过程。知行合一，职业素养才能内化为精神追求，外化为自觉行动。“知”是基础、是前提，“行”是落点、是关键。

“纸上得来终觉浅，绝知此事要躬行。”学到的东西，不能停留在书本上，不能只装在脑袋里，而应该落实到行动上，做到知行合一、以知促行、以行求知，正所谓“知者行之始，行者知之成”。每一项事业，不论大小，都是靠脚踏实地、一点一滴干出来的。“道虽迩，不行不至；事虽小，不为不成。”这是永恒的道理。做人做事，最怕的就是只说不做，眼高手低。广大青年要努力成为有理想、有学问、有才干的实干家，在新时代干出一番事业。

【活动空间】

职业素养分类练习

请把下列职业素养的表现按要求归类。

公德心、人生观、职场礼仪、沟通谈吐、责任心、工作技能、价值观、自信、专业知识、职场形象

以上属于内在素养的有：________________________________。

以上属于外在素养的有：________________________________。

第一编 立身之本：坚守职业道德

CHAPTER1

第一章
什么是职业道德

CHAPTER1

【导言】

司马光在《资治通鉴》中提道："才德全尽谓之'圣人'，才德兼亡谓之'愚人'，德胜才谓之'君子'，才胜德谓之'小人'。凡取人之术，苟不得圣人，君子而与之，与其得小人，不若得愚人。"道德，是我们日常生活中耳熟能详的一个词，道德作为一种社会现象随时随地出现在我们身边。不仅生活中充满着道德问题，我们的职业世界同样需要道德的规范。那什么是职业道德？职业道德具体包含哪些要素呢？

【学习目标】

1. 知识目标

理解职业道德的内涵和特征，熟悉职业道德的基本内容。

2. 能力目标

把握职业道德的具体内容，不断提高自身的职业道德。

3. 情感目标

理解职业道德对于个人职业生活的重要意义。

【触景生情】

在生命的最后一分钟

2012年5月29日中午，司机吴斌驾驶着一辆大巴，在沪宜高速公路上平稳地行驶着。一路上，游客们有说有笑，其乐融融。谁也没料想到，危险会从天而降，死神会不期而遇，一块大铁片像炮弹一样，击碎了车子前面的挡风玻璃，正好砸在了吴斌的腹部。吴斌当时三根肋骨断裂，肝脏破裂。他似乎手都掌握不住方向盘了，一场车毁人亡的惨剧即将上演。车上的乘客都十分慌张，顿时乱成了一锅粥。就在这生死关头，就在这危险的瞬间，只见吴斌咬紧牙关，强忍着剧痛，他竭尽全力紧握方向盘，把车缓缓停在了路边，颤抖的手小心地拉上手刹、开启双闪灯。完成这一系列完整的安全停车措施后，吴斌捂着伤口，慢慢站起来。扭转身子面对乘客们，用微弱的声音说："大家请安静……不要害怕……这……只是一点小意外……下车吧。"警察和医生赶到时，乘客已经安全撤离，警察和医生立刻把吴斌送进医院抢救，但吴斌终因抢救无效而不幸去世。在生命的最后一分钟，吴斌忍受着常人难以想象的身体疼痛完成了一系列停车的操作，这些举动既是作为一名司机所应做的事情，也是吴斌高尚职业道德的完美体现。

第一节　职业道德的内涵

在社会生活中，人们从事着不同的职业。由于职业的不同，人们对社会所承担的职责各不相同。为保证职业责任的履行，社会和行业对从事相关职业的人规定了基本的道德要求，这就是职业道德。职业道德是职业素养的重要组成部分。

一、职业道德的概念

道德是调整人们之间以及个人与社会之间关系的行为规范的总和。比如，在处理公共道德关系时，要求人们文明礼貌、助人为乐、遵纪守法、保护环境；在处理家庭关系时，要求人们尊老爱幼、邻里和睦，如此等等。简单来说，道德就是规定人的行为活动“应该怎样”和“不应该怎样”的规范问题。

职业道德主要是指人们在职业生活中应当遵循的具有自身职业特征的道德观念、行为规范和行为准则。职业道德是社会主义精神文明建设，特别是社会主义公民道德建设的重要内容之一。在现代社会中，职业道德通常以“准则”“守则”“条例”等形式表现出来。

从形式上来看，职业道德是一般社会道德的特殊形式，是一般社会道德在职业活动中的具体表现，是一种更为具体化、个性化的社会道德。它既是对职业人员在职业活动中行为的规定，又是该职业对社会所应负的道德义务。从内容上来看，各行各业形成了各具特色的职业道德。例如，不做假账是会计的职业道德，治病救人是医生的职业道德，教书育人是教师的职业道德。

职业道德包含了职业态度、职业良心、职业荣誉、职业作风等多方面的内容。职业道德作为一种职业规范，受到社会大众的普遍认可。它是调节职业集团内部人们之间的关系的行为准则，是评价从业人员职业行为的标准，对该行业的从业人员具有特殊的约束力。

【小贴士】

中国职业道德的起源

在古代文献中，早就有关于职业道德规范的记载。公元前6世纪的中国古代兵书《孙子兵法·计》中，就有“将者，智、信、仁、勇、严也”的记载。智、信、仁、勇、严这五德被中国古代兵家称为“将之德”。明代兵部尚书于清端提出的封建官吏道德修养的六条标准，被称为“亲民官自省六戒”，其内容有“勤抚恤、慎刑法、绝贿赂、杜私派、严征收、崇节俭”。中国古代的医生，在长期的医疗实践中形成了优良的医德传统。“疾小不可云大，事易不可云难，贫富用心皆一，贵贱使药无别”，是医界长期流传的医德格言。据战国时期成书的《周礼·考工记》中记载，当时大的职业分工就有六种，即王公、士大夫、百工、商旅、农夫、妇功。王公(高级统治集团)之职是“坐而论道”；士大夫(官僚和小贵族)之职是“作而行之”；百工(手工业者)之职是“审曲面势，以饬五材，以辨民器”；商旅(坐商行贩)之职是“通四方之珍异”；农夫之职是“饬力以长地材”；妇功（家庭女工）之职是“治丝麻以成之”。不同职业有不同的职责，所以，也就有不同的职业道德要求。中国古代的著名思想家孔子曾说：“百工居肆以成其事，君子学以致其道。”意为各种工人居住在其制造场所完成他们的工作，君子则用学习获得道。

二、 职业道德的特征

（一）行业性

职业道德具有行业性，意味着职业道德主要约束从事相应职业的人员，只适用于这类人员在职业活动中所发生的行为。职业道德的内容与职业实践活动紧密相连，反映着特定职业活动对从业人员行为的道德要求。每一种职业道德都只能规范相应行业从业人员的职业行为，在特定的职业范围内发挥作用。除此之外，职业道德的内容往往鲜明地反映出社会对具体职业的特殊要求，与相应职业的行业特点结合在一起，带有明显的行业特征，不同的行业具有不同的职业道德要求。例如，教师要遵守“立德树人、为人师表”的职业道德。

（二）一定的强制性

职业道德往往采取规章制度、职工手册、岗位守则、服务公约、奖惩条例、行政纪律甚至誓词、口号等多种形式公布于众，用以约束和激励相应职业的从业人员。职业道德往往与行政纪律、规章制度等结合在一起，从业人员如有违反，通常会受到经济以及行政纪律的惩罚，这就使得职业道德不仅通过传统习惯、社会舆论和内心信念等方式对人们进行软约束，而且还具有一定的权力强制性。

（三）广泛性

职业道德的广泛性，表明职业道德是对所有从业人员提出的要求。无论你从事什么职业，无论你在职业活动中扮演什么角色，在职业活动中都应该讲职业道德，这是社会进步和个人职业生涯发展的基本要求。

（四）层次性

职业道德的层次性，是说职业道德能容纳多层次、不同水准的道德内容。较低层次的职业道德要求人们尽职尽责地完成本职工作，这是对每个从业人员的基本要求；中层次的职业道德则要求从业者有较强的敬业精神和成就意识，较好地或出色地履行职责；高层次的职业道德则蕴含着把职业活动升华为高尚的人生追求、人生理想的道德意境。这些不同层次的职业道德对人的道德觉悟的要求不同，实现的难易度不同，能够达到的普遍程度也不同。

（五）历史继承性

职业道德在内容上具有稳定性和连续性。因为职业是不断发展和世代延续的，因而，职业道德也具有历史继承性。在职业活动中，人们长期从事某种职业，逐渐形成比较稳定的职业习惯、职业心理和职业品格，并且世代传承，形成较为稳定的职业传统，铸就成固定的职业道德。如“学而不厌，诲人不倦”从古至今始终是教师的职业道德，又如军人的“忠诚勇敢”“服从命令”，等等。

第二节　职业道德的基本内容

职业道德的内涵丰富，种类繁多，特别是在社会主义制度下，职业道德的内容更加丰富。社会主义的职业道德体现了以为人民服务为核心、以集体主义为原则的社会主义道德要求，具有崭新的内涵。

一、 爱岗敬业

爱岗敬业是社会主义职业道德的基本要求。爱岗，就是热爱自己的工作岗位，热爱自己的本职工作。敬业，就是以负责的态度对待自己的工作。宋朝朱熹对“敬业”的解释是：“专心致志，以事其业。”也就是说，敬业的核心要求是严肃认真，精益求精，尽职尽责。爱岗与敬业是紧密联系在一起的。爱岗是敬业的前提，敬业是爱岗情感的进一步升华，是对职业责任、职业荣誉的深刻认识。不爱岗的人，很难做到敬业；不敬业的人，很难说是真正的爱岗。不论做任何工作或进行任何劳动，只要认真负责，精益求精，不辞辛苦，就可以说是爱岗敬业。

【小案例】

文花枝

2005 年 8 月 28 日，22 岁湖南湘潭导游文花枝，面对生死抉择时，用自己悲壮的言行为“80后英雄”一词做了诠释。当时，文花枝所在的湘潭市新天地旅行社团队乘坐的旅游车行驶在陕西省延安市洛川县境内210国道上，与超速改道货车迎面相撞。左腿胫骨断裂、骨头外露的文花枝，其腰以下部位被卡在座位里动弹不得，当火速赶来的救援人员准备先将坐在前排的文花枝抢救出来时，文花枝却平静地说："我是导游，后面都是我的游客，请你们先救游客。"然而，由于两车撞得十分猛烈，每次救援一个游客都需要花费相当长的时间。在等待救援时，文花枝多次昏迷，但每次醒来她都忍着剧痛给受困的游客鼓气，给救援人员加油。她对游客说："我们一定要坚持，一定要活着回去。"直到下午4时许，当最后一名游客被送上救护车，她才接受救援。最终，因抢救时间延误，文花枝被实施了左大腿截肢手术。文花枝事后接受访谈时说道："当时我没有想什么，只是想让游客先走，我做了该做的。"

二、 诚实守信

诚实守信是做人的基本准则，也是社会道德和职业道德的基本规范。诚实，即忠诚老实，就是忠于事物的本来面貌，不隐瞒自己的真实思想，不掩饰自己的真实感情，不说谎，不作假，不为不可告人的目的而欺瞒别人。守信，就是讲信用，讲信誉，信守承诺，忠实于自己承担的义务。在中国传统儒家伦理中，将诚实守信视为“立政之本”“立人之本”“进德修业之本”。《论语·为政》中有言："人而无信，不知其可也。"

三、 办事公道

办事公道是一切劳动者在职业行为中的普遍道德要求。办事公道作为职业道德规范，要求各行各业的劳动者在本职工作中遵守工作准则，做到秉公行事，不以私害公，不以权谋私。每个职业劳动者只有出于公心，本着公道，才能真正做到爱岗敬业，诚实守信，做好本职工作。

办事公道，要求从业人员在职业活动中要坚持原则，按照一定的社会标准，实事求是地待人处事，其核心是坚持公平正义。办事公道的具体要求包括：坚持真理，公私分明，公平公正，光明磊落。办事公道，要求从业人员在处理各种利益关系时，要持实事求是、客观公正的立场和态度，对当事双方不偏不倚，不论对谁都是按照一个标准办事。办事公道是社会主义职业道德根本特点的重要体现，是对人们的权利与义务、报酬与贡献、奖惩与功过之间的相称性与对等性关系的确认和肯定。

四、 服务群众

每一种职业，每一个岗位，都是为群众服务的。一个职业劳动者在本职岗位上是为他人提供服务的服务者，在其他场合则是他人所提供服务的享用者。因此，职业劳动者是通过相互服务共同追求幸福生活的。服务群众既是职业道德规范的重要内容，又是一种现实的生活方式。

服务群众就是根据他人的意见、需要，为他人提供恰当的服务来解决他人的困扰。服务群众是每个职业劳动者职业道德的基本规范。服务群众的具体要求就是每个职业劳动者应当依靠人民群众。服务群众是对所有从业人员的要求。每个从业人员都是群众中的一员，既是为别人服务的客体，又是别人服务的对象。

服务群众是职业行为的本质和根本出发点。为广大人民群众服务，不仅是对共产党员和领导干部的要求，也是对广大群众的要求。每个公民不论社会分工如何、能力大小，都能够在本职岗位，通过不同形式做到为人民服务。

五、 奉献社会

奉献社会是社会主义职业道德的本质特征。奉献社会是社会主义职业道德的最高要求，是为人民服务和集体主义精神的最好体现。奉献社会，就是要求从业人员在自己的工作岗位上树立奉献社会的职业理想，并通过兢兢业业地工作，自觉为社会和他人做贡献，是在人具有奉献意识和奉献能力的条件下，当社会需要的时候，自愿将自己的体力、智力、财力甚至生命，奉献给社会的行为。

当下我们谈奉献，并不是说要求人们只付出劳动而不要报酬，而是讲一种精神，一种忘我的全身心投入的精神。奉献社会是社会主义职业道德的最高境界，是集体主义思想在人生观、价值观上的升华，是一个超越市场经济为整个社会生活服务的最高道德层面。奉献社会不应只是一句口头禅，它应该落实在行动上。当别人有困难的时候，我们能伸出援助之手，帮困难者渡过难关；当祖国和人民需要我们的时候，我们能挺身而出，甘愿为祖国为人民献身。奉献社会并非都是轰轰烈烈的大事，实际上我们所做的事无论大小，只要有益于国家、有益于党的事业、有益于人民，就是一种奉献。

【小案例】

奉献没有终点站

在杭州，有这样一位公交车司机，二十多年来，他努力实践着“热情为民服务，无私奉献社会”的崇高理想，在平凡的岗位上做出了不平凡的业绩。他就是全国劳动模范、公交司机——孔胜东。为了方便乘客，特别是外地乘客的出行，孔胜东在车厢里为乘客提供自己设计制作的沿线导游图和车辆转乘示意图，“为民服务箱”里常备晕车药等常用药品，及扇子、雨披等物品，为需要帮助的乘客排忧解难。1999 年 6 月开始，孔胜东在车厢里放上了茶水桶，每天在家里把水烧开带到车上，供乘客免费饮用。2006 年 7 月起，孔胜东又推出了免费阅报活动，每天购买杭州各大报纸放置在车厢醒目位置，方便乘客阅读。为乘客提供温馨服务的同时，孔胜东还充当了“反扒”志愿者的角色，他为乘客找回了钱包、手机等物品。孔胜东在中山北路自己家门口设立了免费修车点，每个周末晚上 7 点到 10 点，孔胜东的身影都会准时出现在路边。修车摊和红绿灯、行道树一样，成了这个街口不可或缺的一部分。二十多年来，孔胜东从一名稚嫩的青年成长为共产党员，从一名普通的职工成为全国劳模，身份变了，不变的是他为人民服务的心。孔胜东让生命在本职岗位上发光，在奉献社会中闪亮。

【活动空间】

职业道德案例讨论

某电子公司会计李明因工作努力，钻研业务，积极提出合理化建议，多次被公司评为先进会计工作者。李明的女友在一家民营电子企业任总经理，在其女友的多次请求下，李明将在工作中接触到的公司新产品研发计划及相关会计资料复印件提供给其女友，给公司带来一定的损失。公司认为李明不宜继续担任会计工作。在你看来，李明违反了哪些职业道德的要求？

素养成长小日历

第一章　什么是职业道德

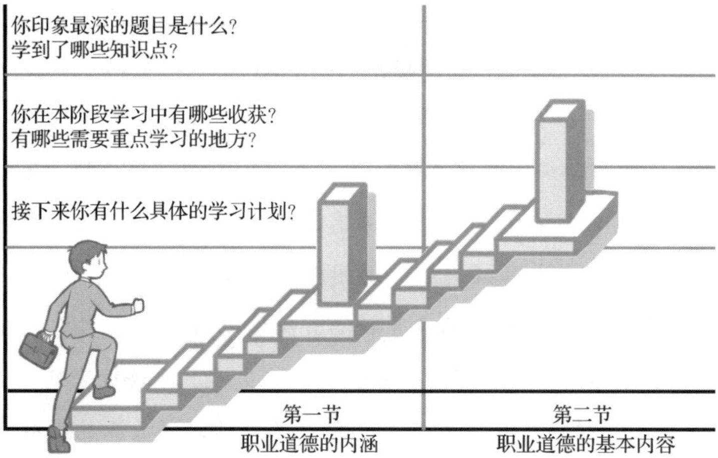

CHAPTER 2

第二章
职业道德内化于心

CHAPTER 2

【导言】

“内化”，是心理学界广泛应用的一个概念，指社会意识向个体意识转化。内化是一个过程，是一个将某种社会准则逐渐变成个体价值一部分的过程。道德内化，则是说把一定社会的道德要求，转化为自身的内在需要并成为其行动指南，是由他律走向自律的过程。职业道德内化于心，外化于行，做到知行合一。

【学习目标】

1. 知识目标

了解职业态度、职业意识和职业精神的含义及其具体内容。

2. 能力目标

逐步培养职业能力。

3. 情感目标

结合案例理解职业态度、职业意识与职业精神对于个人职业生活的重要意义，端正职业态度，树立职业意识，培养职业精神。

【触景生情】

心灵的锁

有位老锁匠技艺高超，为了不让他的手艺失传，他挑中了两个年轻人，将一身技艺传给他们。但两个人中只能有一个得到真传，老锁匠决定对他们进行一次考试。

老锁匠准备了两个保险柜，并分别放在两个房子里。老锁匠告诉这两个徒弟：“你们谁打开保险柜用的时间最短，谁就是胜者。”结果大徒弟只用了不到十分钟就打开了保险柜，而二徒弟则用了二十分钟。众人都以为大徒弟必胜无疑。老锁匠问这两个徒弟：“保险柜里有什么？”大徒弟抢先说：“师父，里面放了好多钱，都是百元大票。”师父看了看二徒弟，二徒弟支吾了半天说：“师父，您只让我开锁，我就打开了锁，我没注意里面有什么。”

老锁匠十分高兴，郑重宣布二徒弟为他的接班人。大徒弟不服，众人不解，老锁匠微微一笑说：“干我们这一行，要有更高的职业道德。我收徒弟是要把他培养成一个高超的锁匠，他须做到心中只有锁而无其他，对钱财视而不见。”老锁匠最后对大徒弟说：“每个人心中都要有把不能打开的锁。”大徒弟惭愧地低下了头。

第一节　培养职业精神

职业精神是从业者对职业的价值观和态度，是从业者职业意识的升华，是从业者职业化的内在体现。简单来说，职业精神就是一种干一行、爱一行，舍得奉献、精益求精的精神。这种精神与职业活动紧密联系，是将自我融入职业需求当中的一种境界。职业精神来自人内心对自己工作本身的尊重，可鲜明地表现为某一职业特有的精神传统和从业者特定的心理和素质。职业精神的要素包含职业理想、职业良心、职业态度、职业作风等。职业理想是职业精神的内在灵魂，职业良心是职业精神的自然基础，职业态度是职业精神的外在表现，职业作风是职业精神形成的根本标志。现代职业人，应具有的现代职业精神包含热爱职业、承担责任、敬业奉献、工匠精神。

一、 热爱职业

在通常情况下，选择你所热爱的职业，会易于你发挥出自己的潜能，会使工作更容易取得成功。从另一方面来说，选择你所热爱的职业，工作就不会让你觉得劳累。但是有些时候，有的人在一开始是无法自由选择自己所热爱的职业的，而只能被迫做出一些不符合自己爱好的职业选择。在这种情况下，千万不要以敷衍的态度去应付了事，而要学会去爱自己所做的。

职业已成为人们实现人生目的的重要方式。热爱职业，等同于热爱生命，这是人类伟大的情操之一。如果我们仅把职业作为一种谋生的手段，我们就不会去重视它、热爱它。而当我们把它视为深化、拓展自身阅历的途径时，每个人都不会从心底轻视它。职业带给我们的将远远超出其本身的内涵。职业不仅是个人生存的需要，也是实现个人人生价值的需要。一个人总不能无所事事地终其一生，应该试着把自己的爱好与所从事的工作结合起来，不管做什么，都要从中找到乐趣。

职业活动由谋生的手段变成个体自身的内在需要。一个人从事自己喜欢的工作或热爱的职业时，所获得的不仅是物质、金钱、荣誉这些外在的报偿，更重要的是内心的需要得到满足，自我价值得到实现。

【小案例】

由一名普通工人成为技术发明家

从一名普通的钳工，到负责设备运行维护的技术“大拿”，是什么让这位一线工人成为人人佩服的“发明家”的呢？普通工人李超，刚进厂时，文凭不高，仅是初中技校毕业。在8年的漫长时间里，他的几乎所有业余时间都用在补习高中课程、上夜大上，最终取得冶金机械专业大学本科文凭。李超不仅在学校学习，平时工作中他也非常注重向老工人们学习。李超爱学习，爱技术，但他更爱企业。这些年来，他将所学无私地传授给他人，影响了一批青年人，也带领了一批青年人成长为企业的技术骨干。李超参加工作以来，先后解决生产难题260多项，获得国家科技进步二等奖1项，国际、国家发明展览会金奖2项，辽宁省及鞍山市自然科学学术成果奖各1项，获国家发明专利7项，专有技术4项，65项成果获鞍钢集团和厂以上奖励，创造经济效益1.5亿元，被鞍钢公司聘任为特级技师。在第八届中国发明创业奖评选中，他被授予发明创业奖的“当代发明家”称号。

二、 承担责任

挂在嘴上，不如记在心上；记在心上，不如担在肩上！责任包含两个基本方面——“责”和“任”。所谓“责”，就是说你没有把该做的事情做好，就要受到相应的惩罚；所谓“任”，就是说如果你能主动去承担并相应地完成好团队的任务，那么一定会得到相应的奖励或荣誉。著名社会学家戴维斯说过：“放弃了对社会的责任，就意味着放弃了自身在这个社会中更好生存的机会。”

职责首先是员工的一份工作宣言。在这份工作宣言里，最重要的就是你的工作态度——你必须以高度的责任感对待你的工作，丝毫不懈怠，对于工作中出现的错误和困难也要勇于承担。一个人责任感的高低，直接决定了他工作绩效的好坏。当上司因为你的工作很差劲而批评你的时候，你首先要做的不是抱怨而是应该问问自己，是否对这份工作尽心尽力，是不是一直以高度的责任感来对待这份工作。一个对自己负责的人是不会给自己的工作交出一份白卷的。

能担起自己的角色之责，把手头上的工作做得更好，即使身处平凡岗位，只要尽心负责，就能够脱颖而出。不同的人在职场中扮演着不同的角色，一个角色就是一份责任。从某种意义上说，角色饰演得是否成功取决于你对职责的履行程度。正视责任，在困难时坚持到底，在成功时保持冷静，在绝望时绝不放弃，不管从事什么职业，完成什么样的任务，首先都应该严格履行自己的职责，对自己负责，也对他人负责，更要对所做的事情负责。没有责任感，别说做事，连做人都成问题。责任无处不在，将责任根植于内心，让它成为我们脑海中一种强烈的意识，那么无论在日常行为还是在工作中，这种责任意识定会让我们表现得更加优秀。

三、 敬业奉献

要培养奉献精神，首先应很好地理解和处理“给”与“拿”的关系。高尔基说“给永远比拿愉快”。给，是由内而外，由我及他；拿，是由外而内，由他及我。给，也是一种荣誉感，一种心理愉悦。不该拿的拿，应该是一种耻辱感，一种心理负疚。“给永远比拿愉快”，这就是追求奉献，不求索取。当你为工作上取得的成就而欢欣时，当他人向你取得的成绩表示赞美时，你便得到了无形的回报。这种无形的回报，包括个人能力的提升及你所获得的名望。

倡导为他人和社会奉献的职业精神，是现代社会生活的客观要求。随着现代生产方式的转变，人们彼此的依赖性也越来越大，这就决定了人与人之间需要密切合作。而要获得成功的合作，不讲信誉、忠诚和友谊，没有一点甘于奉献的精神是不可能的。

四、 工匠精神

所谓工匠精神，就是对工作执着、热爱的职业精神，对所做的事情和产品精益求精、精雕细琢的工作态度，对制造技艺一丝不苟，对完美孜孜追求，以及对工作敬畏、热爱和奉献的工作境界。工匠精神是技术工人的职业灵魂。不管从事什么职业、什么工种，只有将工匠精神当作一种信仰的人，才会力争在工作中尽善尽美，绝不会浅尝辄止，更不会敷衍应付。

有很多人认为，在今天这样一个科学技术高度发达、工艺技术炉火纯青的时代，传统的手工艺远去，传统的手工艺人面临被取代的时代，工匠精神似乎已远去。但事实并非如此，工匠精神作为工艺发展和创新的核心动力，作为产品工艺的前提保证，不论时代如何发展、科技如何进步，只要还有工人，这种精神就永远存在，永远不会消失。当今中国，工匠精神依然是大家最看重、最推崇的精神，无数平凡而普通的一线工人，正是这种工匠精神的完美的代言人，比如中央电视台的专题节目《大国工匠》中的那些令人敬佩的工人，就是其中非常具有代表性的典范人物。

第二节　树立职业意识

在竞争日益激烈的知识经济时代，社会的竞争就是人才的竞争，而人才的竞争取决于素质的竞争，健康的职业意识是职业素质的核心部分。人力资源理论研究者认为，职业化人才的成功与否主要取决于其职业意识水平的高低。

那什么是职业意识？职业意识即从业者在特定的社会条件和职业环境影响下，在教育培养和职业岗位任职实践中形成的某种与所从事的职业有关的思想和观念。它以基本的职业知识为基础，以对职业价值的理性认识为核心，反映一个人对于职业的根本看法和态度，是职业认知与职业行为的综合。不同的职业意识导致不同的职业人生，从而让人们实现不同的人生价值。

一、 诚信意识

诚实守信是中华民族的传统美德，是为人处世的基本准则，也是从业人员对社会、对他人所承担的义务和职责，是人们在职业活动中处理人与人之间关系的道德准则。

诚信是一种优良的品质，意味着一言九鼎，言出必行，说到做到。在职场上，诚实守信会赢得上司、同事和客户的信任，为事业成功赢得更多的机会。

二、 规则意识

规则意识，是指发自内心的、以规则为自己行动准绳的意识。比如，遵守校规、遵守法律、遵守社会公德的意识。规则意识是现代社会每个公民必备的一种意识。规则意识有三个层次：它首先是指关于规则的知识；其次是要有遵守规则的愿望和习惯；最后一个层次是遵守规则成为人的内在需要。

“不以规矩，不能成方圆。”在日常生活中，规范和制度无处不在，无时不有。大到一个国家，小到一个企业，都有自己的规章制度。规范和制度是组织正常运行的最基本保证。公司的每一个部门，都会依据本部门的职能制定相应的规章制度，以保证本部门工作顺利进行。每位员工都是公司的一分子，遵守公司的各项规章制度是员工的基本职责。

三、 质量意识

质量是企业的生命。没有了质量，企业就没有了市场，员工就没有了赖以生存的物质保障。在当今社会的市场竞争中，质量不单纯反映产品质量的好坏，它已成为一个企业素质和精神的体现。质量意识是企业文化中最重要的组成部分，是支撑企业文化的栋梁，或者说，质量意识以企业文化为依托，企业文化以质量意识为根基。

质量意识是一个企业从决策层到每一位员工对质量和质量工作的认识和理解，这对质量行为起着极其重要的影响和制约作用。质量意识应该体现在企业从上到下的每一位员工的岗位工作中。它是一种员工自觉地去保证企业所生产的、交付顾客使用的产品的质量的意识。质量意识是企业生存和发展的思想基础。没有良好的质量意识，企业的生产效率会降低，产品成本会增加。

质量意识是企业文化的灵魂，企业只有把增强质量意识与创造优秀的企业文化结合起来，充分发挥企业文化的功能，并通过文化的说服力、渗透力、诱导力和约束力去挖掘员工的积极性，去强化员工的质量意识，才能不断提高员工的整体素质，最终达到提高企业产品质量总体水平、扩大企业产品销售市场、提高企业经济效益的最终目标。

四、 合作意识

合作意识是指个体对共同行动及其行为规则的认知，是合作行为产生的一个基本前提和重要基础。合作意识需要通过某种活动，通过人和人的交往过程，通过共同完成任务与对各种结果的经历，以及成果的分享和责任的共同承担去培养。

【小案例】

录用的秘密

一家咨询公司招聘高层管理人员，9 名优秀应聘者入围。老总亲自把关决定录取 3 个人。他将 9 个人分为甲、乙、丙 3 组。指定甲组 3 人调查婴儿用品市场，乙组 3 人调查妇女用品市场，丙组 3 人调查老年人用品市场，并让他们到秘书处拿有关行业资料。两天后，9 个人都把自己的市场分析报告送到了老总那里，老总走向丙组 3 人，对他们说，恭喜你们 3 人被本公司录用了！面对大家的疑惑，老总解开了谜。原来，同一组每个人得到的资料都是不一样的。比如甲组 3 人得到的分别是本市婴儿用品市场的过去、现在和将来的分析，其他两组也类似。但是甲、乙两组的 6 个人都是各做各的，互不联系，使得报告很不全面。只有丙组内部互相借用了对方的资料，补全了自己的分析报告。

五、 保密意识

为了保守国家秘密，维护国家安全和利益，保障改革开放和社会主义建设事业的顺利进行，我国制定了《中华人民共和国保守国家秘密法》，规定一切国家机关、武装力量、政党、社会团体、企业事业单位和公民都有保守国家秘密的义务，任何危害国家秘密安全的行为，都必须受到法律追究。

任何一个单位或企业都有它的保密范畴。在商战中，一句话泄露了重要信息，很可能使生意失败。很多公司因为自己的机密被泄露，最后造成重大损失，甚至倒闭。保密工作对公司的发展是十分重要的。保守公司的机密是每位员工的责任，更是每位员工应尽的义务。科技水平的迅猛发展，使得衍生的窃密手段也多种多样，有通过网络植入木马病毒窃取计算机中信息的，也有通过办公设备安装窃密工具窃取信息的。泄密行为分有意识泄密和无意识泄密，日常工作中无意识泄密发生的比较多，由于保密意识不强，可能通过在涉密计算机与非涉密计算机之间交叉使用移动存储介质，或将涉密计算机及网络接入互联网及其他公共信息网络，比如微博、微信、QQ 等导致泄密。保密无小事，无论是否从事涉密岗位都应该时刻给自己敲警钟，日常工作及工作之余应以组织学习或自主学习等方式了解相关法律政策及案例，让保密意识入脑入心。

【小贴士】

质量管理方法有哪些？

质量管理方法有许多种，每种方法都有各自的名字和缩写方式。下面是常见的几种。

全面质量管理(TQM)：它可能是人们最常使用和了解的术语。TQM 源于美国军方的质量管理运动。“全面”指的是质量管理的执行，需要组织中每一层次的每个员工的参与。

全面质量控制(TQC)、持续质量改进(CQI)、全面质量改进(TQI)：它们强调了质量概念的各个主要因素，包括公司的工作流程和系统的持续改进。“质量控制”在美国的工商业使用了几十年，它通常指在工作过程的某一环节上或产品生产出来以后的质量检测。

零缺陷管理(ZDM)：它的前提是系统可以处于没有缺陷的状态。

统计过程控制(SPC)：包括使用统计分析来控制工作系统的质量。具体说来，SPC 需要设置过程的控制界限并减少超过控制界限的变异。它源于 1930 年贝尔实验室的休哈特的研究。

(资料来源：郑英、谢婧，《高职生职业发展与就业指导教程》，97 页，成都，西南交通大学出版社，2015。)

【活动空间】

职业意识自检

人们的职业意识不同就会有各自不同的发展，也势必会有不同的结果。好的职业意识就是设立一个好的目标，用目标来指引工作，这对个人的发展会有很大帮助。请尝试回答以下问题：

目前我的工作意识及工作价值观是：

____

我的人生目标是：

____

为了达成我的人生目标，我希望改进如下职业意识：

____

素养成长小日历

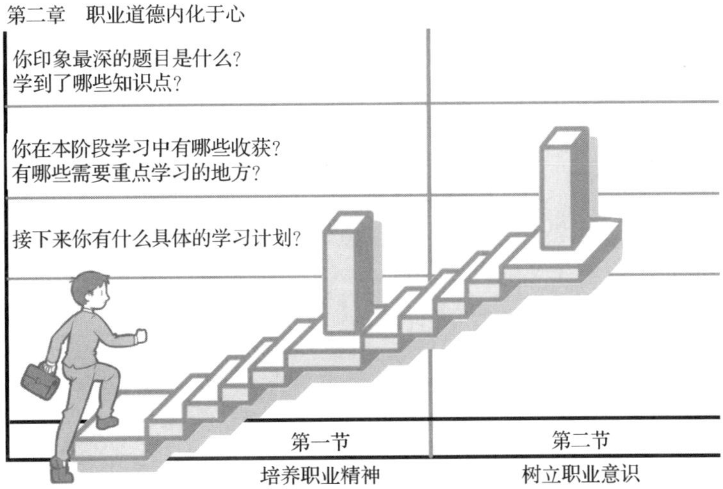
第二章　职业道德内化于心
你印象最深的题目是什么？
学到了哪些知识点？
你在本阶段学习中有哪些收获？
有哪些需要重点学习的地方？
接下来你有什么具体的学习计划？
第一节
培养职业精神
第二节
树立职业意识

穿越职场丛林

第二编　发展之基：夯实职业能力

CHAPTER 3

第三章
学会学习

CHAPTER 3

【导言】

初入职场，想要在职业生涯中取得良好发展，离不开学习能力的提升。学习能力是良好执行能力、沟通能力、团队合作能力的基础。在职场中，学习力就是核心竞争力。学习工作技能，提升专业素养；学会处理职场人际关系，增强团队协作能力；学习竞争对手，加强自身优势等。如果想成为一名优秀的职场人，就要正确理解什么是有效的学习，如何用好的学习方法提升自己的综合能力，如何在职场中坚持终身学习实现工作成就。

【学习目标】

1. 知识目标

了解学习能力的基本要素和有效学习的特性原则，正确理解有效学习的重要性。能够说出并理解学习障碍对学习效果的影响。明确并理解学习基本策略方法。

2. 能力目标

学会学习，准确判断并化解学习中遇到的问题以及困境，根据工作任务树立合理目标，掌握学习策略，选择学习内容和方法。在职场中具有独立获取、更新知识和技术的能力，能够运用学习能力提升自我解决问题的能力。

3. 情感目标

通过学习能力的训练，提升自我学习的方法，追求自我完善，提高合作能力，树立终身学习的理念。

【触景生情】

录用你是因为你善于学习

一位女大学生毕业时去应聘会计工作，面试时便遭到拒绝，原因是公司需要有丰富经验的资深会计人员。她没有气馁，对主考官说：“请再给我一次机会，允许我参加笔试。”主考官拗不过答应了。结果，她笔试成绩最好。

人事经理对她颇有好感，女孩也直言自己没工作过。找一个没有工作经验的人不是他们的预期，经理决定到此为止：“那就到这，如有消息会打电话通知你。”

女孩站起来，向经理点点头，从口袋里掏出两块钱双手递给经理：“不管是否录取，请都给我打个电话。”

“您刚说有消息就打，那言下之意是没录取就不打了。”

“那如果你没被录用，打电话你想知道什么呢?”

“那两块钱……”

女孩微笑道：“给没有被录用的人打电话不属于公司的正常开支，所以由我付电话费，请您一定打。”

经理也微笑道：“请你把两块钱收回，现在就通知你，你被录用了。”

女孩坚毅的品格，诚信的态度，面对不足的勇气和不断学习的进取心让她赢得了工作的机会。职场中良好的个人素质和学习能力有时比资历和经验更为重要。

第一节 打破学习困境

现代科学技术迅猛发展，人类社会知识总量正以几何倍数的增长。据估算，人类知识总量每5至7年翻一番。这就迫切的要求每一个个体，从校园到职场需要不断地学会学习，不断更新自己的知识结构，以顺应社会的发展。学习之重要在当前社会已经成为共识，但很多人认为学习不是一件轻松的事儿，在态度和具体的行为间存在难以打破的学习困境。打破学习困境首先要了解其表现和产生的原因，其次要了解学习困境的克星——学习能力。

一、 认识学习困境

学习困境是指学习者在学习过程中，由于受到各种主客观因素的影响，而导致学习失败的现象。在学习中，认识到学习困境对学习效果的影响，采用正确的策略激发自身的学习动力和学习兴趣，是达成有效学习的关键因素。

（一）学习困境的表现

1. 学习认知不够

学习的认知不够不仅指不重视学习，还指对什么是学习、学习的方法、学习习惯等有关学习知识的缺乏。现代社会知识大爆炸，许多人都在创造新知识，更多人在应用新知识，学习被前所未有的重视起来，学习也不再是学生的事儿，而是一个人一生都要坚持的事业。经过心理学家、脑科学领域专家对学习的研究，许多学习规律被认可并应用到提高学习效率的实践中。对学习规律认识不足，没有找到适合自己的学习方法，也是导致学习困境出现的重要原因。

【小案例】

自负的小李

小李是名牌大学计算机专业毕业的，专业能力突出，他来到了一家普通的网络公司工作。小李公司里年轻人不多，工作也不难，他干得得心应手，领导对他也很信任。每天下了班，小李不是和朋友一起聚会，就是宅在家里打游戏，从来没有想到要去提升自己。同班同学小王毕业后进了杭州的一家大型互联网公司，他在互联网行业不断学习和深耕，后来做到了项目经理。五年后的同学聚会，专业能力突出、成绩优秀的小李听到同学们说小王经过自己打拼在杭州买了两套房，吃了一惊。在学校自己可比小李成绩优秀多了，再回想这些年的工作经历，一直觉得自己能力很强，没有必要再去学习。殊不知，互联网行业的技术不断迭代更新，自己没有及时更新知识结构，满足于现状，已远远落后。

2. 学习专注度不够

学习的另一困境在于不能专注持续地做事情。我们每个人的注意力是有限的，只有持续专注于一个领域，不断学习才能够产生强大的洞察力和专业度，才能够透过现象看到本质，才能够做到专业，才能够拥有强大的职业核心竞争力，在行业内有所建树。

欲成就事业的人，往往会专注于所从事的事情，紧紧抓住事情的关键，攻其难点和重点，实现质的飞跃。因此，专注能够保证工作效率得到最大的发挥，为了专心做好一件事，必须远离那些让你分散注意力的事情，集中精力选准主攻目标，专心致志地去做好你要做的事情，这样才可能取得成功。

3. 知识结构不清晰

知识结构是指某一领域的知识条理化、模块化、系统化的呈现方式。专家和新手的区别就在于知识结构的区别。新手的知识往往是独立的、缺乏深度联系的块状存在，因知识间缺乏深度的联系，新手无法对问题有正确的、全面的观点。更因知识间的孤立性，大大增加了记忆的成本，导致知识记忆的正确性和完整性大打折扣。

4. 缺乏有效的迁移

无法有效迁移是指无法熟练运用新知识解决问题。学会迁移，将所学的知识内化为自身能力，应用在解决更复杂的问题中。迁移是有效学习的标志，如果不能将知识从一个情境迁移到另外一个情境中，不能将知识进行自如的运用，说明新知识并未与脑中已有的经验整合，说明学习效果并不好。

（二）学习困境产生的原因

1. 学习动机不足

学习动机是推动学习者维持学习活动的主要因素，对学习活动起着促进、推动和维持的作用。学习没有内驱力、学习态度不端正、学习兴趣不浓厚、学习意志薄弱、自我效能感低等都能引发学习动机不足。学习是自我实现的方式，要重视学习对个人成长发展的意义和价值，激发和培养自身的学习动机。

2. 学习动机过强

动机对学习有促进和推动的作用，但是过强的动机对学习者来说会产生较大的心理压力，阻碍学习活动的顺利进行。美国心理学家耶克斯和多德森通过研究证实，动机强度与工作效率之间不是线性关系，而是呈倒 U 形的曲线关系。动机强度的最佳水平会随学习活动的难易程度而有所变化，也会因人而异，一般情况下最佳水平为中等强度的动机。过分的看重结果、不合理的归因都不利于学习。学习者在学习中，应保持适度的动机，从而提高学习效率。

3. 注意力不集中

注意力是心理活动对一定对象的指向，具有指向性、选择性和集中性。注意力是学习的前提。学习者不能专注于学习任务的主要原因有：选择过多、目标不明确、心理状态不稳定、思想负担重、精力分散。可以通过制订合理的学习计划、确定合适的学习目标、做好时间管理、保持适度的压力、增强学习动机等方式解决这个问题。

4. 学习策略和方法不当

学习策略和学习方法是提高学习效率的重要途径。根据建构主义观点，学习是个人与社会环境交互的结果，因而学习是高度个性化的行为。也就是说，每个人根据其自身的特点需要找到适合自己的学习方法。另外，知识也有不同的类别，有概念性知识、程序性知识、事实性知识、元认知知识等，每一类别的知识所需要的学习方法也有所差别。因而，如果学习者没有根据自身的学习特点和知识的性质，选择合适的学习策略和学习方法，也无法真正提高学习效率。

二、 学习困境的克星：学习能力

每个人在不同时期都存在不同程度的学习困境，可以说学习困境是普遍存在的，但为什么有的人能一直保持较高的学习效率呢？答案就在学习能力。

（一）学习的含义

“学习”一直是心理学研究中比较核心的问题。近来，由于学习心理学中的认知革命，目前人们广为接受的定义是：“学习是由经验引起的行为或思维的比较持久的变化。”学习的发生是由经验引起的，这种经验不仅包括外部环境的刺激和个体的练习，而且包括个体与环境之间复杂的交互作用。

（二）学习能力的构成

学习能力是个体众多能力中的一种，是一个结构复杂、多维度、多层次的心理现象。现代社会的学习能力主要是指不断获取新知识、掌握新技能、接受新观念，不断完善自我、适应新要求的终身学习能力。学习能力由智力因素和非智力因素构成，这两个因素又包括多个方面，它们有着各自的作用，且相互联系，相互制约，不可分割。

1. 智力因素

智力因素主要包括以下四个方面。

(1)观察能力

观察能力是各种智能活动的基础，思维、记忆、运动等，都是以观察能力为前提进行的。

(2)记忆能力

记忆是整个心理活动的基本条件，是一切智慧的源泉。没有记忆，我们的大脑就像是一张白纸，空空如也。没有知识的储备，没有建构在知识基础之上的创造、创新，我们的人类社会文明演进、科技发展就无从谈起。

(3)想象能力

爱因斯坦说：“想象力比知识更重要，因为知识是有限的，而想象力概括着世界上的一切，推动着进步，并且是知识进化的源泉。严格地说，想象力是科学研究中的实在因素。”学习离不开想象，学习能力的提升过程就是不断创造性地发展和运用想象力的过程。

(4)思维能力

人的一切创造性活动都与思维能力有关，思维能力是学习的核心能力，一个人分析问题解决问题能力的水平，直观地反映在思维能力的强弱上。人类的进步从根本上来说，就是认知思维能力不断进步发展的过程。

2. 非智力因素

非智力因素由学习动机、学习兴趣、学习习惯和学习方法构成。

(1)学习动机

学习动机是推动学生进行学习活动的内在原因，是激励、指引学生学习的强大动力。学习动机是产生持续学习动力的关键，学习能力提升的过程是持久的，持续稳定的动力只有在学习动机与成就动机的驱使下才能获得。变被动接受学习为主动学习，或在学习过程中体验到成功的快乐，动机就逐渐形成了。

(2)学习兴趣

兴趣是一个人倾向于认识、研究获得某种知识的心理特征，是可以推动人们求知的一种内在力量。兴趣是最好的老师，学生对某一学科有兴趣，就会持续地专心致志地钻研它，从而提高学习效果。要逐步把学习兴趣的发现与学习动机的培养相结合，这样才能形成稳定的学习习惯。

(3)学习习惯

学习习惯是在学习过程中经过反复练习形成并发展，成为一种个体需要的自动化学习行为方式。习惯的力量是巨大的。良好的学习习惯有利于激发学习者学习的积极性和主动性，形成学习策略，提高学习效率，培养自主学习能力、创新精神和创造能力，使学习者终身受益。良好的学习习惯主要表现在善于自学、按计划学习、专时专用、讲求效益、合理把握学习过程、独立钻研、善于思考等。

(4)学习方法

学习方法有广义和狭义之分：广义学习方法是指在学习过程中，一切为达到学习目的、掌握学习内容而采取的手段、方法、途径；狭义学习方法是指学习过程中学习者所采取的具体活动措施与策略。学习方法并没有统一规定，因个人条件不同，选取的方法也不同。好的方法事半功倍。学习者在学习过程中要不断总结，不断调整自己的学习策略，评估目标，反思结果，找到适合自己的方法。

不管是学习能力中的智力因素还是非智力因素，都可以利用一定的方法和经常性的训练得到提高，这也就意味着学习能力不是天生就有的，更不是一成不变的，而是可以通过努力不断提高的。

【小贴士】

关于智力的心理学理论

1. 吉尔福特的智力三维结构模型理论

美国心理学家吉尔福特在二十余年因素分析研究的基础上于1967年创立了智力三维结构模型理论，认为智力结构应从操作、内容、产物三个维度去考虑。智力活动就是人在头脑里加工(即操作过程)客观对象(即内容)，产生知识(即产物)的过程。智力的操作过程包括认知、短时记忆、长时记忆、发散思维、聚合思维、评价六个因素；智力加工的内容包括视觉，听觉，符号(由字母、数字和其他记号组成的事物)，语义(词、句的意义及概念)，行为(社会能力)五个因素；智力加工的产物包括六个因素，即单元、类别、关系、系统、转换、蕴含。这样，智力便由$6\times5\times6=180$种基本能力构成。

例如，学生对英语单词的掌握，就是语义、记忆、单元的能力。又如，说出鱼、马、菊花、太阳、猴等事物哪些属于一类，回答这类问题进行的操作是认知，内容是语义，产物是类别。

2. 加德纳的多元智力理论

多元智力理论是美国心理学家加德纳提出的。按加德纳的解释，智力是在某种文化环境的价值标准之下，个体用以解决问题与生产创造所需的能力。他认为，智力主要由以下七种能力构成：①语文能力，包括说话、阅读、书写的能力。②数量能力，包括数字运算与逻辑思考的能力。③空间能力，包括认识环境、辨别方向的能力。④音乐能力，包括对声音的辨识与韵律表达的能力。⑤运动能力，包括支配肢体以完成精密作业的能力。⑥社交能力，包括与人交往且和睦相处的能力。⑦自知能力，包括认识自己并选择自己生活方向的能力。

3. 卡特尔的流体智力和晶体智力理论

美国心理学家卡特尔等人于20世纪六七十年代根据智力的不同功能，将智力划分为两种：流体智力和晶体智力。流体智力是指人不依赖于文化和知识背景而对新事物学习的能力，如注意力、知识整合力、思维的敏捷性等。晶体智力则是指人后天习得的能力，与文化知识、经验的积累有关，如判断力。从时间上看，流体智力在人的成年期达到高峰后，就随着年龄的增大而逐步衰退，而晶体智力自成年后不但不减退，反而会上升。

4. 斯滕伯格的智力三元论

斯滕伯格的智力理论强调在问题解决中认知过程的重要性，他认为智力包括三个部分——成分、经验和情境，它们代表了智力操作的不同方面。他的智力理论也被称为智力三元论。

【活动空间】

发现学习困境

①请用一周的时间学习整理“区块链”的相关知识材料。

②复述材料中你认为重要的区块链知识。

③从整理材料开始，记录一周的学习时间，并记录学习感觉最好的时间段和产生学习困境的时间段。

第二节　识别有效学习

一、 有效学习的特性

（一）主动性

主动性是个体自觉、自愿地去学习新知识，掌握新技能，将所学知识加工融合迁移到新的目标任务中，主动求知、快速解决问题的特性。据估计，最近 30 多年产生的知识总量，相当于过去 2000 年产生的知识量的总和。生存于这个时代的人们如不保持积极的学习态度，将会被社会无情抛下，无法获得发展机会，更别谈实现个人价值了。只有掌握新的知识，解决新的问题，提升自身的职业能力，主动学习、主动求知才能适应社会，促进自身发展。

职业人主动思考、主动求知，可创造更有利的生存环境，拥有更多升职的机会。积极主动的学习不仅是一种主观态度，更是一种做事能力。主动学习的人面对困难会更加乐观和自信，不抱怨不沮丧不推脱，更容易集中注意力，能够有更快应对复杂环境和复杂知识的反应能力，从而有利于快速解决职场问题。

（二）目标性

有效学习除了需要职业人主动思考、主动求知，还需要职业人有明确的目标，甚至建立完整系统的阶段性目标。目标性是有效学习的显著特征。拥有明确的目标，一方面可以减少学习知识难点中产生的畏难情绪，另一方面可以充分利用时间，合理安排学习内容，达到事半功倍的学习效果。除此之外，若经过一段时间的学习没有达到预订的知识掌握目标，及时调整学习方法和学习策略，能大大减少走弯路所消耗的精力和时间，因而明确的目标还是检验学习效果的指挥棒。

（三）高效性

学习的高效性是指快速有效掌握新知识的能力，是建立在时间管理和事件管理基础上的，通过合理规划达成学习目标的手段与方法。今日事今日毕，合理设定目标并量化管理目标，把计划的目标持之以恒地做下去并最终养成一种习惯，持续的达成目标，做到投入与产出成正比，是达成高效学习的关键。

此外，创造力是检验高效学习成果的重要手段。如果学习到的知识仅仅是流于背诵而不知其意，没有与自己的背景知识发生联系，没有形成个性化的解释，形成脑中知识的创造，就造成了“读死书、死读书”的现象。

二、 有效学习的原则

（一）立足基础原则

任何有效学习的开展都依赖于学习者主观能动性的发挥，学习者需打好基础，扎扎实实地在行业内积累。不论什么行业，成为专家型的人，都需要刻意练习。只有打好基础，个体才能有效地完成学习的目标任务，在行业内有所建树。

（二）内化迁移原则

学习的迁移是指一种学习对另外一种学习的影响，就是将所获得的学习经验运用到另一相关的情境中。学习者只有通过不断学习，逐步将知识内化，转化为自身的知识系统，才能在新情境下灵活应用。在学习过程中，学习者不要孤立的学习，要将所学的新知识和自身掌握的知识建立联系，不断将自己所学的知识概括化、系统化，学会举一反三。也就是说，要充分利用正迁移，发现事物之间的相互关系，促进学习的内化迁移。

（三）合作学习原则

据美国学者朱克曼统计，从1901年到1972年，共有286位科学家荣获诺贝尔奖奖金，其中185人是与别人合作取得科学成果的，即约有三分之二的诺贝尔奖奖金获得者是与别人合作取得的。在诺贝尔奖奖金设立的第一个25年，合作研究获奖的人数占41%，在第二个25年则达65%，在第三个25年则上升至79%，这说明群体研究已经成为当代进行科学创造活动首要的、基本的形式。

不管是科学研究还是职场工作，现代社会分工的不断精细化，让合作成为必然。合作性学习，合作性探究，小组成员之间是休戚相关的。合作学习促进了学习者之间的相互交流和共同发展，也营造了一定的竞争氛围，激发学习者的学习动力。

【小贴士】

关于学习的误解

学习知识是不是越多越好？学习是一个人的事情？

1. 谨防学习过度

知识要有选择性，要服从于应用，要与自己驾驭知识的能力相匹配。有些毕业生，为了逃离就业的压力，不顾自身的条件和环境，一味追求学历的提升，甚至辞职学习参加考试，一考考不上参加二次三次乃至多次。这种为了学习而学习，为了逃避而学习是不可取的。学习知识不是越多越好，越深越好。有兴趣有目的地追求知识，并将学到的知识转化为自身的能力，应用到实际工作中，为社会服务，体现自身价值，这才是学习的目的。

2. 与人合作，向他人学习

成功的学习方式不仅仅是向书本学习，向老师学习。与人合作、集思广益对学习都有帮助。每个人都有思维的盲区。在职场中，向身边的同事、领导、下属学习，多听、多看、多问、多总结。与人交流，头脑风暴的方式更容易让你看出自己理解的偏差或者是忽略的地方，能让自己达到更好的学习效果。

三、 有效学习的重要性

没有学习就没有人类社会的发展和社会经验的传递，更没有人类文明的源远流长。从远古时代的人类学习狩猎技能果腹；到农业时代陶器、铁器的发明，文字的出现；到工业时代蒸汽机的发明、电力的广泛应用；乃至今天信息社会计算机带来的生产方式、生活方式的革命，每一次时代的变革，新的生产力的出现都离不开人类孜孜不倦的学习。人类不断向自然环境学习，向宇宙万物学习，向前人经验学习，不断革新，带来了社会的文明和进步。学习是促进人的发展的重要手段，是职业成功的核心因素，是实现自我价值的重要途径。

（一）促进人的发展

学习贯穿人的一生。人从出生开始，从生活技能到知识技能的掌握，都离不开学习，学会走路、学会说话、学会穿衣、学会用筷子吃饭；进入学校，学习自然万象，增长各学科知识；工作中，学会生存，学会与形形色色的人打交道，学会思考，学会解决问题。人只有不断学习和积累，才能不断完善自己，发现自己的潜能，塑造一个完美的自己。

（二）促进职业成功

学习是促进人的发展的重要方式，我们每个人需要参与社会分工来维持生存需要，实现自身价值。在现代社会生产中，知识已成为生产要素的重要组成部分。哈佛大学的学者们认为，现在的企业发展已经进入了第六阶段——全球化和知识化阶段。在这个阶段，企业将变为一个新的形态——学习型组织。在学习型的企业组织中，无论是分配你完成一个重要任务，还是要求你在短时间内成为某个新项目的行家，善于学习都能使你在变化无常的环境中应付自如。

（三）促进自我价值的实现

在职业生涯中，只有通过学习不断成长才能实现自我价值。职业不仅仅是谋生的手段，满足我们基础性的需要，更是体现自身能力、演绎精彩人生的平台。每个人都渴望成功，渴望实现自我价值。要想获得成功、实现自我价值，仅有主观努力是远远不够的，还需要我们不断学习以适应环境的变化，及时反馈和调整目标，选择适合自己的发展方向。这都要求我们在职业中善于学习。

【小贴士】

需要层次理论

马斯洛把人的需要划分为五个层次：生理的需要、安全的需要、友爱和归属的需要、尊重的需要、自我实现的需要。在马斯洛看来，人类价值体系存在两类不同的需要：一类是沿生物谱系上升方向逐渐变弱的本能或冲动，称为低级需要和生理需要；另一类是随生物进化而逐渐显现的潜能或需要，称为高级需要。人都潜藏着这五种不同层次的需要，但在不同的时期表现出来的各种需要的迫切程度是不同的。人的最迫切的需要才是激励人行动的主要原因和动力。人的需要从外部得来的满足逐渐向内在得到的满足转化。

四、 有效学习的策略

学习策略是指在学习过程中，学习者为了达到有效学习的目的而采用的规则、方法、技巧及其调控方法的总和。美国教育心理学家麦基奇将学习策略分为认识策略、元认知策略和资源管理策略。

（一）认知策略

认知策略是指对信息进行加工时所用的有关方法和技术。它包括复述策略、精加工策略和组织策略。

1. 复述策略

复述策略是指在工作记忆中为了保持信息而对信息进行重复的过程，是短时记忆的信息进入长时记忆的关键，如画线就是一种常用的复述策略。

2. 精加工策略

精加工策略是指把新信息与头脑中的旧信息联系起来从而增加新信息意义的深层加工策略。精加工策略的种类很多，如做笔记和记忆术就是两种比较重要的精加工策略。

【小贴士】

你知道记忆术吗？

记忆术就是把那些枯燥无味但又必须记住的信息“牵强附会”地赋予意义，使记忆过程变得生动有趣。记忆术主要有以下几种。

①位置记忆法。这种方法最早被古希腊演讲家使用，是通过与其熟悉的某种地点顺序相联系来记忆一些名称或者客体顺序的方法。对记忆有顺序的系列项目特别有用。

②缩简和编歌诀。将复杂的记忆内容与自身知识结构中已掌握的内容相关联。

③谐音联想法。记忆年代时运用比较多。

④关键词法。这种方法是将新词或概念与相似的声音线索词，通过视觉表象联系起来。例如，将“tiger”联想为“泰山上的一只虎”。

⑤视觉联想法。这种方法就是通过想象来帮助人们联系记忆。例如，“飞机”“大树”可以这样联想：飞机撞到大树上。

想象的形象越鲜明越具体越好，形象越夸张越奇特越好，形象之间的逻辑关系越紧密越好。

3. 组织策略

组织策略是整合所学新知识之间、新旧知识之间的内在联系，形成新的知识结构，即一种对信息进行归类整理的策略，如概念图、层级图、纲要法等都属于组织策略。

（二）元认知策略

元认知策略是指个体为实现最佳的认知效果而对自己的认知活动所进行的调节和控制。元认知策略主要包括计划策略、监控策略和调节策略。

1. 计划策略

计划策略是指根据认知活动的特定目标，在认知活动开始之前计划完成任务所涉及的各种活动、预计结果、选择策略，设想解决问题的方法，并预估其有效性等。元认知计划策略包括设置学习目标、浏览阅读材料、设置思考题以及分析如何完成学习任务等。

【小案例】

赛跑的智慧

1984年，在东京国际马拉松邀请赛上，名不见经传的日本选手山田本一出人意料地夺得了世界冠军。当记者问他凭什么取胜时，性情木讷、不善言谈的山田本一只说了“凭智慧战胜对手”。十多年后，这个谜终于被解开了，山田本一在他的自传中说：每次比赛之前，我都要乘车把比赛的线路仔细地看一遍，并把沿途比较醒目的标志画下来，比如第一个标志是银行；第二个标志是一棵大树；第三个标志是一座红房子……这样一直画到赛程的终点。比赛开始后，我就以百米的速度奋力地向第一个目标冲去，等到达第一个目标后，我又以同样的速度向第二个目标冲去。四十多千米的赛程，就被我分解成这么几个小目标轻松地跑完了。起初，我并不懂这样的道理，我把我的目标定在四十多千米外终点线上的那面旗帜上，结果我跑到十几千米时就疲惫不堪了，我被前面那段遥远的路程吓倒了。

2. 监控策略

监控策略是指在认知过程中，根据认知目标及时检测认知过程，寻找两者之间的差异，并对学习过程及时进行调整，以期顺利实现有效学习的策略。它具体包括领会监控、策略监控和注意监控。领会监控是指学习者在阅读过程中将自己的阅读领会过程作为监控意识对象，不断对其进行积极的监视和调整；策略监控是为了防止学习者在学习了某种策略后，不加利用，而仍沿用以往的习惯；注意监控是为了调节自己的注意，使其集中在学习任务上，从而获得较好的学习效果。

3. 调节策略

调节策略是指在学习过程中根据对认知活动监视的结果，找出认知偏差，及时调整策略或修正目标。在学习活动结束时，评价认知结果，采取相应的补救措施，修正错误，总结经验教训等。调节策略能帮助学生矫正自己的学习行为，补救理解上的不足。

（三）资源管理策略

资源管理策略是指辅助人们管理可用的环境和资源的策略。它主要包括时间管理策略、学习环境管理策略、努力管理策略、寻求支持策略等。成功使用这些策略可以帮助人们适应环境，以及调节环境以适应自己的需要。

【活动空间】

合作学习

①组成学习小组。

②对于“区块链”概念的个人学习成果向小组其他成员展示，形式多样。

③小组成员共同评价出对此概念解释和演绎的最好的一位，并谈下自己的角度和差距，找到原因。

第三节　职场快速学习

一、 职场学习原则

（一）量化学习目标

学习目标是学习达成的核心，没有明确目标的学习是盲目的，其效率将十分低下，而明确适度的目标具有激励性和鼓舞性。目标必须是经过自己努力能够完成的，切不可过于理想化，好高骛远。否则往往是虎头蛇尾，制订计划时豪情万丈，实施时却寸步难行，最终不了了之。而在学习过程中，如果我们把大目标分解成若干个具体的小目标，分阶段地逐一实现，我们就可以不断地品尝到成功的喜悦，继而产生更大的动力去实现下一阶段的目标。在任务完成过程中把目标任务量化分解，使每周、每日、每时都有压力、有动力，有对目标的追求；使学习由被动变为主动，成为一种自我约束、自我激励的行为，成为生活的必要组成部分和乐趣。

（二）坚持刻意练习

著名心理学家艾利克森在“专业特长科学”领域潜心几十年，研究了一系列行业或领域中的专家级人物：国际象棋大师、顶尖小提琴家、运动明星、记忆高手、拼字冠军、杰出医生等。他发现，不论在什么行业或领域，提高技能与能力的最有效方法全都遵循一系列普遍原则，他将这种通用方法命名为“刻意练习”。

学习最好的方法不是记忆，而是进行重复的练习。专家级水平是逐渐地练出来的，而有效进步的关键在于找到一系列的小任务让受训者按顺序完成。在职场中，从职场新人到中层管理乃至高层，每一步的发展都需要我们具备良好的学习能力，进行持续不断的刻意练习，从自己能够努力一下就达到的小任务目标开始，一步一步持续不断地在自己的岗位上提升工作能力，掌握工作技能，学会洞察问题，分析问题，解决问题。

（三）使用学习工具——思维导图

勤于思考，善于总结，职场中善于学习的人，不断精进的也是自身的思维模式。

思维导图是英国大脑学习专家东尼·博赞在1974年出版的《启动大脑》一书中提出来的。他认为思维导图是表达发散性思维的有效图形思维工具，它能充分运用左右脑的机能，利用记忆、阅读、思维的规律，协助人们在科学与艺术、逻辑与想象之间平衡发展，从而激发人类大脑的无限潜能。思维导图是一种实用性的思维工具，把它应用到自身的学习和工作中，不断地精进自己的思维方式，让自己事半功倍。

【小贴士】

思维导图

思维导图制作的关键是从白纸的中央开始，绘制中央图像和中心词；从中心开始绘制分支，分支由内而外、由粗到细，保持线条的弯曲；信息要提炼成关键词写在分支的上方，一词一线，词线等长，一线一色，根据关键词发挥联想绘制彩色图像或符号，建立通感。

人们已经开发出了很多绘制思维导图的应用软件，因此除了手绘之外，也可应用软件绘制，提高效率。常用的思维导图软件有：iMindMap、NovaMind、FreeMind、MindMapper。

【小视频】

巧用思维导图

二、 职场学习方法

（一）高效阅读

1. 提升阅读速度

眼球大概1/3秒停一次，通常读1~7个符号信息，这种眼球停下所读的信息符号字数是视别间距，视别间距大小直接影响到阅读的速度。如果读书一小时，大概眼动3分钟，停57分钟(占单位时间的95%)。速读技术的核心就是扩大视别间距，尽可能看文字整体，增大眼摄取的信息的数量。尽可能让一组一组词、短语或整句进入视距，而不是一个字一个字地移动，这就是速读的关键与核心。

2. 阅读的顺序

(1)快速浏览大致内容

浏览书的封面，掌握一些有关信息。扫视内容提要，了解主要内容。查阅目录，整体把握书的轮廓。阅读前言后记，进一步了解书的大致内容。

(2)抓取阅读正文重点

找到关键词、关键句，理解整段内容的大意。将阅读内容与自己已拥有的知识联系到一起，反思本段内容学到的知识点。

(3)标记陌生词汇或学术用语

将一时不能理解的陌生词汇或不能理解的段落标记出来，运用工具书和网上搜索等形式寻找词汇的意义，并与自己的背景知识联系起来，加深印象。

3. 带着问题阅读

带着问题阅读主要包括两个方面：一是思考清楚因何种问题未得到解答而阅读；二是阅读的每一段内容说明了什么问题，要自己进行总结。带着问题阅读可以忽略不需要了解的内容，也可以将阅读的内容快速整合到自己已有的知识中，阅读效率大大提高。

（二）快速理解

1. 了解知识体系

经研究，专家和新手的区别在于专家的知识形成了完整的体系。当专家遇到新的知识时他们可以迅速将新知识整合运用到已有的知识体系中。在职场中，如果想要快速学习，我们需要利用思维导图等信息工具将知识系统化、模块化和条理化，以达到帮助理解和高效记忆的目的。

2. 统一与冲突辨识

在学习新知识的过程中，思维也需要不停地工作，要将新知识与已知的知识进行统一与冲突辨识。统一是指，新知识是前所未见的，只需要认真记忆即可。冲突辨识则指，新知识与自己以往掌握的知识存在不一致的地方，要认真求证、理解。冲突性的知识往往是能够帮助人们进行职场创新的重要知识。

3. 记录关键信息

在学习的过程中，关键信息可以给人们带来灵感或让人们解答疑惑。一边学习，一边将关键信息标记出来，并立刻记录关键信息所引发的思考，能够加深学习者对于所学内容的理解，并且更快地将所学内容内化为自己的知识。

【小贴士】

SQ3R 阅读法

SQ3R 是由浏览(survey)、提问(question)、阅读(read)、背诵(recite)和复习(review)五个单词的首字母提炼出来的，也是阅读的五个步骤或程序。

第一步，浏览。在开始阅读的时候先大概初读一遍，对阅读材料有个总体印象，以把握阅读的主要内容及可能遇到的重点、难点等。浏览有两种方式：一种是扫描式，即一目十行读；另一种是跳跃式，即把材料中的无关紧要的引文、推理过程等跳过去，只抓住筋骨脉络与主要观点。

第二步，提问。在此阶段，再次大概地阅读，但在具体的阅读过程中，要对阅读材料的大小标题或其他有着重要标示的内容等提出一些问题来，从而可以使后续的阅读能够更有目的性。当然，对于这些问题，也可以自己先行尝试着回答，这不但可以培养和提高独立思考、解决问题的能力，而且还可以提高学习和记忆的效果。

第三步，阅读。在这一阶段，带着问题对阅读材料进行深入的精读，对于那些比较重要的内容，要逐章、逐段、逐句、逐字地读，对于专门术语、重要概念、图表及注释等要透彻理解其准确意义。

第四步，背诵。在理解基础上把阅读材料的主要内容能够提纲挈领地复述出来或背诵出来，以加深理解，增强记忆。

第五步，复习。在复述的基础上，根据回忆中所发现的薄弱环节和理解的熟练程度进行复习，若是需要长期保存的记忆材料则必须反复复习，直至牢固掌握。

（三）提升记忆力

1. 意义记忆

把需要记忆的知识赋予自己熟知的、感兴趣的事物，使原本无意义的知识变成有意义的经验，这种方法可以加深记忆。在这一过程中，可以采取联想、形象化、寻找共同特征等方法赋予新知识熟悉的意义。例如，有一位教师让他的学生记住圆周率22位小数，圆周率22位小数为3.1415926535897932384626。他编了一个故事“山顶一寺一壶酒，尔乐苦煞吾；把酒吃，酒杀尔，杀不死，乐而乐”，运用谐音和故事情境的方式，轻松地让学生记住了圆周率22位小数。意义记忆的关键在于找到新知识与自己已有熟悉经验的契合点。

2. 向他人复述与交谈

向他人复述与交谈，是对知识的深度加工。将自己学习到的知识讲给别人听，是对知识的记忆也是对知识的梳理。复述与交谈是传递知识的过程，知识在传递过程中融合了他人的理解和看法，这可以拓宽自己的视野，促进自己对知识更深层次的理解，能够进一步提高知识的掌握水平。

3. 肢体与记忆

经研究，肢体运动与记忆之间保持着一定的联系，习惯性的动作有利于知识的记忆。学习者触发记忆的肢体动作可以相同也可以不同，有的人喜欢在记忆知识的时候搓手指、有的人喜欢轻轻敲打桌面，找到触发自己记忆的肢体动作能够提高记忆的效率。

【小贴士】

遗忘规律

艾宾浩斯是德国著名的心理学家，他对记忆的保持规律做了重要研究，并绘制出著名的“艾宾浩斯遗忘曲线”。记忆力再好的人遗忘也是不可避免的，但从什么时候开始遗忘的？怎样减少遗忘？何时复习效果最佳？通过遗忘规律可以一目了然。

表3-1　时间间隔与遗忘百分比

时间间隔	记忆保持的百分比	遗忘的百分比
20分钟	58%	42%
1小时	44%	56%
8小时	36%	64%
24小时	34%	66%
2天	28%	72%
6天	25%	75%
31天	21%	79%

由此可以看出，遗忘速度较快的区段是20分钟、1小时、24小时，2天以后则趋于稳定。显而易见，最佳的复习时间为记忆材料后的1~24小时，最晚不超过2天，过了复习的黄金时间，记忆效果就大打折扣了。

【活动空间】

掌握学习方法

①用快速阅读法阅读一本畅销书。

②用软件绘制出该书的思维导图。

③对该书进行总结，学习到了什么理念，如何应用到日常的学习工作中。

第四节　坚持终身学习

科学技术的飞速发展，不断改变着人们的职场环境，你在入职时所掌握的技能，不会伴随你到职业生涯的结束。在未来，几乎没有什么工作是一成不变的，这对职业人的技能和素养要求越来越高。因此，人们需要不断“加油”“充电”，必须努力做到活到老、学到老，要有终身学习的态度。学会学习，不论对于我们的工作，还是对于我们的生活、家庭都有着重要的影响。学习是一个终身需要去付诸实践的命题。

一、树立终身学习观

1972年，联合国教科文组织发表了著名的报告《学会生存——教育世界的今天和明天》。这一报告为发达国家和发展中国家制定和实施终身教育政策提供了指导思想。1996年，联合国教科文组织的报告《教育——财富蕴藏其中》展望了21世纪人类发展对教育的需要，该报告提出“终身学习是打开21世纪光明之门的钥匙”的科学论断，并建议确立终身学习的四大支柱——“学会求知”“学会做事”“学会合作”“学会生存”，教育应该围绕这四种学习加以安排。终身学习理念被提出后，已经发展为国际化的教育思潮。

（一）终身学习理念

1. 成为完整的人

成为完整的人是我们学习的根本目标。学会做人，不应是“生存”“存在”，而是“成为真正意义上的人”“成为完整的人”。学会做人，不是单纯的道德、伦理意义上的“做人”，而是一种对健全与完美人格的追求和修炼。

2. 重新审视学习

“知”不仅仅指具体的知识，还包括人类自身及其主观世界，学会求知就是学会学习。从“要我学”转变为“我要学”，把学习当成日常生活的重要组成部分，成为生活的一种需要，一种乐趣。因此，主动学习是学习成功的重要保证。

3. 拥有适应世界变化的能力

现代社会要求职业人从掌握某种职业的实际技能，转向注重培养适应世界变化的综合能力，其中包括合作意识、创新意识和竞争意识等。“学做”不是专指智商的提高，还包括情商的提升，即社会行为技能的提升，比如处理人际关系、解决人际矛盾、管理团队等。

4. 与人和谐共处

与人和谐共处的能力是人的基本生存能力之一。它包括了解自身、发现他人、尊重他人的能力；学会关心、学会分享、学会合作的能力；学会平等对话、互相交流的能力；学会用和平的、对话的、协商的、非暴力的方法处理矛盾、解决冲突的能力。

5. 学习不是一个人的事

合作学习是20世纪70年代由美国人罗伯特·斯莱文首先提出的。合作学习是指学习者为了完成共同的任务，进行有明确责任分工的互助性学习。合作学习鼓励学习者为集体的利益和个人的利益而一起工作，在完成共同任务的过程中实现自己的理想。在知识经济时代，学习不仅仅是个人的事，我们需要个人学习，但也非常强调团队学习。高素质团队协作尤为重要，因为只有配合默契的团队才能取得成功。

【小视频】

学习是一辈子的事儿

（二）终身学习的重要性

1. 知识爆炸与社会快速变化

传统学习观念认为，学习是一次性完成的，年轻的时候接受教育，为成年后的社会生活做准备。然而，科技的迅猛发展和职业的频繁更替，使终身学习思想备受重视，任何一所学校都不可能传授给学生任何一个专业的全部知识，每个人都必须不断学习，否则就会落后于时代，人们必须重新安排一生的学习和工作。

2. 拥有出彩人生的需要

终身学习改变了人们的学习时空观，人们从终身学习观念出发，就有可能做到一生在任何地点都能够进行有组织有意识的学习，从而把人类社会建设成为学习社会。终身学习观念改变了人们对大学学习的看法，即掌握知识和信息的数量已经不再具有决定意义，更重要的是必须学会学习，必须注重培养选择信息、判断信息、综合信息和分析信息的能力。大学生如果能够掌握这些能力，就可以在学习的社会生存，在终身学习的海洋中平稳快速地前行。

二、 终身学习的学习模式

学习模式是假定能够使学习者达到最佳学习状态的方法。按照生理知觉进行分类，学习模式可分为视觉模式、听觉模式、触觉模式三类。

（一）视觉模式

用视觉模式学习的学习者喜欢使用图表、图像以及其他的例子来进行学习，会更多注意演示者的面部表情以及身体语言。相比口头的报告，学习者更喜欢手写或者打印的报告，参加会议或者论坛的时候希望有演讲稿或者纲要，更容易记住别人的样子而不是名字，等等。如果采取视觉模式学习，宜使用彩笔高亮显示课本或者笔记中重要的部分，听课时做好笔记，多使用图表或者草图帮助记忆。如果可能，借助配套视频或者其他工具进行相应内容的学习，合理并有效使用想象力，在记忆过程中尽可能将内容与可视的东西进行类比。

（二）听觉模式

用听觉模式学习的学习者喜欢通过参加讲座、参与讨论以及听别人讲课的方式进行学习。对于演讲者讲话的清晰程度比较敏感，善于根据语气、速度、停顿，在别人的讲话中寻找重点，更容易被噪声干扰；在记忆时喜欢默念，或者听对应的音频文件，等等。如果采取听觉模式学习，宜参与到学习小组中，多讨论交流，借助音频文件帮助记忆单词或者其他内容，读书时尽量读出声，通过把学习内容讲给别人听来提高熟悉程度，平时多听电子书或者其他音频文件。

（三）触觉模式

用触觉模式学习的学习者喜欢实践或者互动的学习方式，能够通过模仿和练习更快地学到东西。相比看到和听到的事情，更容易记住做过的事情，经常谈论自己的感受，可能并不是很喜欢阅读，而会非常喜欢运动；可能不是那种能坐得住，长时间读书学习的人，等等。如果采取触觉模式学习，宜多参加实践活动。在谈话或者解释的时候，借助于身体语言来表达，借助已有的模型或者制作模型帮助理解内容，在听或者说的时候多写，学习时避免接触易使自己分心的东西。

【小贴士】

学习金字塔

不同的学习模式各有优劣，学习者要根据个人特点和学习内容，采取合适的学习模式。美国学者埃德加·戴尔1946年提出了学习金字塔理论。以语言学习为例，在初次学习两个星期后：阅读能够记住学习内容的10%；聆听能够记住学习内容的20%；看图能够记住30%；看影像，看展览，看演示，现场观摩能够记住50%；参与讨论，发言能够记住70%；做报告，给别人讲，亲身体验，动手做能够记住90%。

三、 终身学习的实现：虚拟学习空间

（一）网络学习时代到来

互联网的普及，让我们的学习空间从传统的真实空间跃升至虚拟空间。在信息

时代，学习是开放性的，网络时代的学习打破了传统的学校教育模式，人们可以通过互联网进行跨时空的交互，进行自由学习。在这种开放式的学习环境中，不论是学习的过程还是学习的结果都与社会、生活和环境紧密相连。学习的方式也更个性化，学习者是主体，学习具有发展自身兴趣、丰富知识结构、激发想象力和创造力、提高思维能力等多重目的。

微博、微信和QQ的广泛应用，使移动阅读不受时间和空间上的限制，在一定程度上改变了传统的学习模式。我们可以看到公交车、地铁、办公室到处都是埋头上网的人。如今，人们使用计算机不仅玩游戏、聊天，还能查阅资料、开展阅读、学习在线课程等。互联网已经深刻改变了我们的生活，网络学习时代已经到来。网络教育为人们提供了一种全新的学习方式，使教育资源共享变为现实，也为学习者提供了个性化学习的选择权。

（二）用好虚拟学习空间

网络虚拟学习空间相较传统的学习方式更加便捷高效，它随时随地随需，不受时间空间限制。但是与此同时，虚拟空间的开放性、相对独立性使得人们在学习过程中缺乏感知和互动，需要学习者具有较强的鉴别力和自我约束力。因此，我们要从以下几个方面用好虚拟学习空间。

1. 充分用好学习工具

互联网是目前世界上最大、最开放的学校。任何你想知道的，不限时间和地点都可以通过网络空间来获取。搜索引擎、开放资源、MOOC、公开课、云空间，这些都是便捷的学习工具。

技术的革新带来了虚拟空间学习内容和形式的丰富。2001年，开放课程运动由麻省理工学院(MIT)发起，由大学提供一些开放又免费的课程软件。联合国教科文组织为推进开放课件(OCW)进一步发展，提出开放教育资源(OER)的概念。今天大量的在线开放课程上线。与仅仅开放课程资源不同，MOOC允许学生大规模参加网络上开放的课程并主动进行教学互动。经济全球化的今天，掌握好学习工具，充分用好虚拟空间的资源，能让我们在终身学习的道路上走得更加顺畅。

2. 加强社群学习

社群学习是指一群人基于共同的兴趣、任务或者价值观，有组织、交互式地发生群体学习行为的一种学习模式。“三人行，必有我师焉!”在合作中学习，在交流中学习，利用多样的交流平台，聚集有共同兴趣爱好和价值观的人共同学习、共同成长。

3. 提升自身控制力

加强自身的控制力，不要过分沉浸于虚拟空间，要做到能入能出。同时，还要加强自身的鉴别力，坚决抵制网络暴力、网络谣言等负面内容，充分利用好虚拟空间这个工具，学会学习，学会思考，学会创新，让虚拟空间服务于我们的学习。

【活动空间】

学会终身学习

①请列出自己未来一年、三年、五年想掌握的知识和技能。

②找到获取这些知识和技能的途径和方法。

③为自己列出学习计划，坚持完成。

素养成长小日历

第三章 学会学习

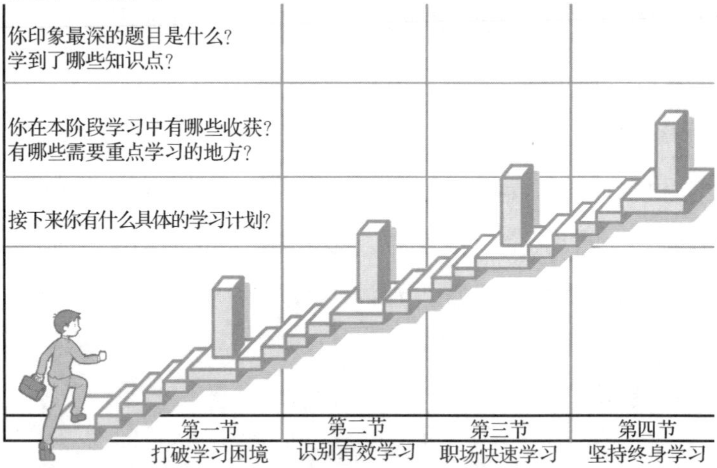

CHAPTER 4

第四章
学会沟通

CHAPTER 4

【导言】

列夫·托尔斯泰曾说："与人交谈一次，往往比多年闭门劳作更能启发心智。思想必定是在与人交往中产生，而在孤独中进行加工和表达。"我们之所以重视沟通，是因为它可以启迪智慧、解决问题、实现目标，沟通能力更是一个让我们不断走向自我完善的基本能力。如果想成为一名优秀的职场人，就要正确理解什么是有效的沟通；如何用沟通理解他人、表达自己；如何在职场中利用有效沟通实现工作目标并建立良好的人际关系。

【学习目标】

1. 知识目标

了解沟通的基本要素、方式和有效沟通的原则，正确理解有效沟通。能够说出并理解沟通障碍对沟通效果的影响。知道并理解沟通基本策略。

2. 能力目标

准确判断沟通中的问题以及障碍，根据沟通目的合理选择沟通策略。在职场中能够应用沟通技巧解决问题。

3. 情感目标

通过沟通能力学习与训练，提升自我认知能力，追求自我完善，提高与他人的共情能力，树立与人为善、求真求实的沟通理念。

【触景生情】

张倩的困惑

9月8日的清晨，与往常一样，张倩坐上公司的早班大巴车去上班，正听着音乐，突然一条手机短信跳了出来“体检提醒通知”——天哪，今天就是预约的体检日期了吗？怎么给忘了？张倩一想到这儿，就慌忙地问大巴车司机：“师傅，请问前面你还会停车吗？”司机：“不会，前面没有站点了。”张倩抱歉地说：“我预约了体验，我忘了。”司机：“你什么意思？”张倩有点着急：“我要去医院体验。”司机愣了一下，问：“你想做什么？”“我……我想去体检。”张倩不明白，为啥司机就听不懂呢，她下意识地看了下手机短信。司机看了张倩一眼，说道：“你要下车是吗？”这时候张倩突然发现，体检提醒短信里体检日期是9月19日，今天只是一个提醒通知，她如释重负地舒了口气，赶紧对司机说：“我看错时间了，不好意思。”司机说：“好，我前面找个地方停车。”“为啥还要停车，哦，可能是有别的人要下吧。”张倩心里想。在早高峰的拥堵车流中，司机左挪右拐，终于找到了一处可以停车的地方，开了车门，但没人下车。司机转头看着张倩，大声问：“不是有人要下车吗？”张倩一惊，原来司机是为自己停的车，赶紧取下耳机，抱歉地说：“师傅，不好意思，我看错时间了！”“什么意思？你下不下车啊？”说话间，后面就已经排了一长溜汽车了，司机急了：“你到底下不下车？”张倩也被吓住了：“我……我今天不下车了。”

到达公司后，大家陆续下车，张倩觉得今天真是麻烦司机了，特意走到司机跟前道谢：“师傅，谢谢您！”但司机看都没看她一眼，转头就离开了。

在张倩的这次沟通中，涉及了沟通的哪些要素？张倩做错了什么，让沟通误解重重？

第一节 理解有效沟通

在中国古代，沟通一词指的是沟渠的通连，后隐喻两个独立的个体(组织)之间信息的传递与反馈。从古代对沟通的理解可以看出，沟通双方可以是个体对个体，也可以是组织对组织或个人对组织。沟通的内容是信息，信息传递的媒介是所有可以承载信息的物体。在互联网信息技术迅速发展的今天，信息传递的媒介有了更加丰富的形式，如电话、邮件等。

沟通是人与人之间信息的传递、反馈与共享。人与人之间的信息不仅包括话语还有情感。信息传递、反馈与共享的过程具有理性和感性之分。信息传递过程中，每个人不同的思维、个性特点使信息的传递增加了不确定性和复杂性。沟通是个人对组织、组织对组织信息沟通的基础，任何高效运行的组织，都是以良好的沟通为前提的。

一、 沟通的基本要素

人际沟通包含特定的六大要素，即沟通发起者、信息接收者、信息渠道、信息、反馈、噪声。其中沟通发起者、信息接收者、信息渠道是信息传递过程中的载体；信息、反馈和噪声是信息传递过程的内容。

（一）沟通发起者

沟通发起者，是人际沟通中拥有信息的一方，试图具有主动性。沟通发起者的心理状态、信息表达能力、对沟通对象状态的分析与预设，都影响着沟通发起者想要传递信息的内容和方式。因而沟通发起者对信息有一轮基于他个人的加工，所以信息天然带有个性化和一定程度的主观性。

（二）信息接收者

信息接收者是接收信息并做出反馈的一方。信息接收者在倾听的同时释放出他个人对信息理解的信号，信息接收者在收到信息后的行为表情，也同样能够影响信息发出者。由此我们可以看出，当两个人在交谈的时候，沟通发起者可以根据信息接收者的表情、动作，以及正在说的内容，构思回应的话语。

（三）信息渠道

信息渠道是信息传递的载体，是沟通发起者和信息接收者信息沟通的桥梁。信息渠道具有可选择性、针对性、可融合性的特点。信息渠道的可选择性表现在：在当今互联网技术发展的基础上，沟通的时空被拓展，沟通渠道逐渐多样化，电话、邮件、即时软件，都成为重要的沟通渠道。由于视频会议、电话会议的出现，多人沟通的沟通渠道由线下拓展为线上线下相结合，大大增加了沟通效率。

（四）信息

在人际沟通中，沟通内容是沟通双方携带各自沟通目的而发出的信息，沟通中的信息除消息、情报、指令、信号外，还有行为、情绪释放出来的潜在信息符号，这些信息符号都带有一定的感情色彩。沟通内容的组织方式、呈现方式和情感色彩都对沟通效果有着直接的影响。根据科学家对记忆曲线的研究，一段沟通的开头和结尾部分最容易被沟通对象记住。若沟通双方彼此信任、听众对沟通中的敏感问题有比较积极的态度，可以将敏感问题的阐述放在开头。若沟通双方信任度不足且听众对沟通的敏感问题较为抗拒，则最好将敏感问题放在沟通的结尾部分。

（五）反馈

反馈是指信息接收者对接收到的沟通信息进行消化理解后产生信息响应，并将其回应给沟通发起者。反馈不是简单的你问我答，而是有形式要求和目的要求的，即信息接收者发出的反馈必须在对方能够接收信息的渠道里，还要尽量排除环境对信息渠道的干扰，选择有利于沟通发起者的反馈信息。例如，在进行一场商务电话沟通时，需要找周围杂音较小的地方接电话，若无法控制环境，就要通过减慢语速、提高声音等方式回复，甚至改变信息回应的渠道，采用短信的方式回复。

反馈还要求信息接收者就沟通发起者给定的方向给出回应，即指信息接收者在接收信息时，不能模糊信息回应的对象，一定要明确沟通发起者是谁，给出反馈。如果反馈没有到达沟通发起者或者反馈信息有较大的遗漏，都会影响信息传递的效率。

（六）噪声

噪声即指沟通中对信息传递和理解产生干扰的一切因素。噪声普遍作用于人际沟通的各个环节，它属于干扰性、冗余性信息，能够影响重要信息传递。但噪声是相对的。噪声并不是纯粹的信息垃圾。同一信息在此可能是干扰性的噪声，在彼则可能是有价值的信息。例如，在2010年南非世界杯上，当地球迷用一种名为“呜呜祖拉”的喇叭发出的超过100分贝的助威声引起了广泛的争议。反对的人士形容这声音“听起来像恐怖片中的恶魔号角”“像绿头苍蝇发出的令人厌烦的嗡嗡声”，甚至投诉到国际足球联合会，强烈要求禁止。支持的人士则称“这就是南非足球的氛围。在这里的赛场上充满了声音、激情、舞蹈，这是一种庆祝的方式”。

二、 沟通的基本方式

按照沟通信息的流向可分为上行沟通、下行沟通和平行沟通。此种沟通的分类方式通常用于具有行政权力等级划分的组织。上行沟通是指组织中下级向上级的沟通；下行沟通则指组织中上级主动向下级的沟通；平行沟通则是组织中平级之间的沟通。

按照沟通场景可分为正式沟通与非正式沟通。正式沟通：一定的组织系统中通过明文规定的渠道，进行的信息传递与交流。非正式沟通：正式组织系统以外进行的信息传递与交流，以个人为信息的主要传递渠道。

按照沟通媒介，可分为书面沟通和口头沟通。书面沟通一般在信息记录上需处理大量细节问题，信息需采用精确用词或让受众迅速接收信息时采用。口头沟通需更丰富的表达效果，在严格、持久性上要求较少，无须永久记录时采用。

三、 有效沟通的基本原则

（一）包容性

沟通是信息的传递，也是内心情感和意愿的表露，沟通双方的心态会通过情绪、神态、动作互相影响。当沟通双方同时处在安全、放松与愉快的心理状态时，沟通就会取得较为积极的结果。良好的沟通心态是实现有效沟通的基本原则。

良好的沟通心态一般包括包容、尊重和平等。包容心态能够给沟通双方充足的安全感，让沟通双方在沟通中卸下心理壁垒，坦诚地说出自己的想法。尊重和平等是沟通理解的前提，可以促使双方换位思考，从而提高沟通的效率。如果没有包容的心态去沟通，非常容易使原本可以解决的小问题不断升级为大问题。

（二）一致性

在一次沟通的过程中，沟通双方对沟通内容会有不同的认知，认知的偏差使双方对同样的内容理解不同。人们的个性特点、心理状态、生活经验不同，因而对同一信息的分析与处理不相同，致使信息理解出现偏差，增加了沟通失败的风险。沟通双方可以就沟通内容的背景信息、关键信息、目的进行讨论，实现最大程度的一致性理解，从而降低沟通失败的风险。

【小案例】

请客千万别说错话

有个人请客，看看时间过了，还有一大半的客人没来。主人心里很着急，便说："怎么搞的，该来的客人还不来？"一些敏感的客人听到了，心想："该来的没来，那我们是不该来的。"于是悄悄地走了。主人一看又走掉好几位客人，越发着急了，便说："怎么这些不该走的客人，反倒走了呢？"剩下的客人一听，又想："走了的是不该走的，那我们这些没走的倒是该走的了！"于是又都走了。最后只剩下一个跟主人较亲近的朋友，看了这种尴尬的场面，就劝他说："你说话前应该先考虑一下，否则说错了，就不容易收回来了。"主人大叫冤枉，急忙解释说："我并不是叫他们走哇！"朋友听了大为恼火，说："不是叫他们走，那就是叫我走了。"说完，头也不回地离开了。

（三）主动性

沟通双方都对沟通采取积极的态度及时回应，会让对方有被重视、被尊重的感觉，不仅能够形成良好的沟通气氛，还能不断释放有意义有价值的信息，促进有效沟通的达成。有效沟通的反馈是信息接收者对沟通内容进行分析思考之后提出的意见或建议，反馈的信息是被加工过的信息。

值得注意的是，回答了问题并不代表反馈就发生了。反馈并非总是能自觉发生的，反馈也不总是一次性就可以完成的，反馈也可以是无目的的。如果沟通发起者没有要求反馈或信息接收者认为信息已经完全理解，就没有必要反馈；或信息接收者由于各种原因不愿意进行反馈，反馈往往也不会发生。教师认为学生已经理解了教师在课堂上所讲的知识点，学生也以为自己已经理解了教师所教内容，但在测验中我们总能够发现因为理解偏差而导致的错误。

【小贴士】

关于沟通的误解

沟通是不是越多越好？和谐一致就是成功的沟通吗？

1. 谨防沟通过度

沟通不足会产生问题，但是沟通过度也会产生问题。当两个人已经对一个问题沟通得十分透彻了，继续讨论只会让问题在原地打转，不会有任何进展，这就意味着过度沟通就是浪费时间。

2. 成功的沟通依然存在理解偏差

萧伯纳曾经说过："沟通的问题就是自以为达成了沟通，这是幻觉。"研究(可能就是你的亲身经历)证明，人与人的误解是普遍的。据研究，熟悉的人之间发生误解的概率要高于陌生人。比如说，我们经常刻意地模糊回应，以便可以不伤害对方的感情。想象一下，如果你的朋友问你觉得他的新衣服怎样，你会如何回应。你可能会说："哇！真的还蛮特别的！"而不是诚实清楚地回答："我认为有点怪异。"我们担心像这种回答不够厚道，也可能会破坏人际关系。

四、 有效沟通的重要性

生活离不开沟通，无论是对人们的生理健康还是心理健康来说，沟通都具有重要的作用。沟通还是人际交往的基础，是自我认同与自我成长的途径，是事业成功的得力助手。

（一）促进身心健康

人际沟通与我们的生活密切相关。据研究，当人们长期被阻止与他人进行交流时，他们的身体健康状况将会恶化。同样，研究表明那些缺乏亲密沟通关系、没有充足社会联系的人，比那些拥有良好社会关系的人更容易患心脏病、高血压等心脑血管病。

良好的沟通不仅有利于我们的生理健康，也有利于我们的心理健康。建构主义认为，人类经验的增长建立在人与周边环境(社会)持续沟通与交互的基础上。有学者对战争后躲入深山数十年的人群进行过研究，他们发现缺乏正常的人际沟通使人们的语言能力、认知能力都发生了退化。

（二）促进职业成功

每一种职业都是一群人社会关系的集合，人际沟通就是以语言或非语言沟通的方式让社会关系更加和谐，以实现组织目标和个人的职场发展目标。在工作中，不论是管理者还是员工遇到的很多问题都需要通过沟通去解决；许多问题产生的根源，就在于沟通不畅。职业人沟通能力的强弱，在很大程度上影响着职场问题解决的质量，有时甚至决定着问题解决的成败。

沟通是十分重要的，那些成功者是懂人际沟通、珍视人际沟通的人。我们每一个人都不是生活在孤岛上的，只有与他人保持良好的协作，才能获取自己所需要的资源，才能获得人生的成功。现实中大多数的成功者都擅长人际沟通、珍视人际沟通。一个人能够与他人准确、及时地沟通，才能建立起牢固的、长久的人际关系，进而能够使自己在事业上取得成功。

（三）促进自我完善

不断成长、自我完善是每个人在漫长的一生中持续追求的目标，而人际沟通是实现这个目标的重要手段。首先，人际沟通帮助我们深刻认识自己。与他人的沟通能够像一面镜子一样将我们的个性特点、喜好、行为风格显现出来，通过不同的沟通对象，可以从不同的侧面、不同的程度加深对自我的了解。其次，人际沟通能够帮助个人更加明晰生活的目标和人生的意义。在人际沟通中，我们可以通过理解他人、认识自己、管理情绪等多个方面来完善自己。

【活动空间】

沟通的角色游戏

练习形式：教师将全班学生按3人一组，分成若干个小组，按流程进行角色扮演。

练习角色：角色1为部门经理；角色2为部门员工；角色3为观察员。

练习流程：

任务1：经理与员工背靠背坐下，观察员面向2人坐下。经理与员工各执1张A4纸，经理通过纸条下达书面指令，2人共同把A4纸撕成相同的图案。撕纸任务要求：折3次，撕5个洞。观察员的任务是保证2人不面对面，记录任务完成时间以及在完成任务过程中双方的表现，并在任务结束后对记录情况进行书面反馈。

任务2：互换角色，经理与员工面对面坐下，观察员面向2人坐下。经理与员工各执1张A4纸，经理直接下达口头指令，2人共同把A4纸撕成相同的图案。撕纸任务要求：折4次，撕8个洞。观察员的任务是记录任务完成时间以及在完成任务过程中双方的表现，并在任务结束后对记录情况进行口头反馈。

讨论题：

①练习中有哪三种沟通信息流向？

②任务1和任务2中分别用到哪种沟通媒介？这两种沟通媒介各有什么特点？

③任务1和任务2哪一种形式的沟通花费的时间更长？为什么？

④识别任务中正式沟通与非正式沟通的场景。

【活动答疑】

在这个活动中，经理代表上级，员工代表下级，观察员代表平级同事。通过两轮练习，可以体验到沟通信息的三种不同流向(上行沟通、下行沟通、平行沟通)的特点。向下沟通中，上级的指令要清晰、明确；向上沟通中，要主动反馈；平行沟通要真诚、互助。

第二节 认识沟通障碍

所谓沟通障碍是指沟通双方在传递和交换信息的过程中，由于沟通信息和沟通目的受到各种因素的干扰和改变，而导致沟通不畅或沟通失败的现象。在沟通中，正确理解沟通障碍是选择适合的沟通策略的前提，也是达成有效沟通的重要环节。

一、 沟通障碍的表现

（一）启动沟通失败

不管是有着共同利益还是潜在利益冲突的双方，都需要通过沟通来了解彼此，通过沟通来达成互惠共赢的合作。但在现实中，虽然双方都意识到需要沟通，但因组织因素、个人心理状态、客观条件限制等无法顺利启动沟通，或者无法及时取得沟通。

（二）沟通被迫中断

沟通程序顺利开启后，沟通双方就沟通信息展开交换，但是由于沟通双方的特殊性特点、沟通环境、沟通渠道等因素，沟通很可能会被中断。沟通中断后，原有的沟通信息和双方心理状态将发生改变，从而影响有效沟通的达成。例如，同事两人正在讨论一个项目方案，其中一人电话铃声响了，中断了交流。他在回来继续谈话时，忘记了接电话之前的讨论思路，使得沟通效果受到了影响。在沟通过程中也有可能会因沟通双方的情绪不稳定导致单方面中断沟通。遇到沟通中断时，沟通双方应立即有所警觉，共同找出沟通障碍，保证沟通顺利进行。

（三）沟通效率降低

在职场和生活中，沟通双方认为对方反馈的信息不是所期望的，这种现象说明沟通障碍已经发生了。如果对方数次反馈，仍然不能得到自己期望的信息，那说明已经发生严重的沟通障碍。如果沟通障碍不能得到解决则会严重影响沟通的效率，导致沟通目标无法实现。此时，沟通双方应就反馈信息进行分析，找出障碍产生的原因，以消除障碍影响。

二、 沟通障碍的种类

信息从发送者到接收者的这个过程并非都是畅通无阻的，沟通过程中经常存在这样或那样的障碍，从而导致无法实现沟通的目的或沟通失败。通过下面的沟通漏斗图(图 4-1)，我们可以看到在沟通中信息流失有多么严重。

图 4-1　沟通漏斗

因此我们要重视沟通障碍的存在，寻求解决之法。所谓沟通障碍，是指信息在传递和交换过程中，由于信息意图受到干扰或误解，而导致沟通失真、错误或信息丢失的现象。常见的沟通障碍有下列四种。

（一）物理障碍

物理障碍是指在沟通中干扰信息传递，导致信息失真、错误的各种物理性因素。物理障碍通常具有客观性，不以主客体双方的意志为转移，但却切实影响到沟通的效果。例如，通信信号弱、沟通主客体物理距离太远、信息过量等这些都属于物理沟通障碍。

（二）管理障碍

管理障碍是指组织中存在沟通观念、领导方式、沟通体制与制度、与沟通相关的权限、职责设置等方面影响沟通的因素。如组织中上下级的沟通观念不一致、管理制度与权限分配不合理、组织结构庞大、组织内部层级过多等都会对沟通的效果产生不良影响。

美国加利福尼亚州立大学对企业内部沟通进行研究发现位差效应。位差效应是组织成员间因地位不同而造成的心理隔阂。研究表明，企业内部由于层级过多，信息从高层次向下传递到最低层，或从最低层向上传递到最高层，信息每经过一个层次，其失真率为 10% ～15% ；上级向他的直接下属传递信息平均只有 20% ～25% 被正确理解，下属向他们的直接上级所反映的信息被正确理解的则不超过 10% 。

（三）心理障碍

心理障碍是指在沟通过程中干扰信息传递和交换的沟通者的多种心理因素。人与人的兴趣、爱好、态度、思想、情绪、性格、价值观等的差异势必造成沟通障碍。例如，在接收信息时，凡符合自己需要的，与自己切身利益关系密切的，则很容易“听进去”；而对自己不利或会损害自己利益的，就不容易“听进去”。下级对某个上级领导有好感，这位上级领导的指示就容易被下属接受和执行；如果下级对某个上级领导有反感，上级领导的指示要求或建议等，往往会被打折扣。同样，一个人在转呈某些信息时，也往往会按照自己的观点去“过筛”，使之适合自己的“胃口”，信息因此失真。此外，情绪稳定的人对信息的理解比较正确，情绪急躁的人对信息的理解容易片面，有时甚至未等对方将要传递的信息传送完，就已经按捺不住，在心里给它下了结论。凡此种种，都说明了由于人们的观点不同，或其他心理因素不同，信息在传递过程中，很容易带上主观成分，因而被有意无意地歪曲了。

【小贴士】

认知偏见导致的沟通障碍

人们认知客观事物时，很少加入主观成分，看问题相对来说比较客观。但在对他人进行认知时，往往带有浓厚的主观色彩，总是在一定的心理倾向作用下，加工整理外部输入的他人信息，形成对他人的印象，然后把这个印象加到认知对象身上，认为这个人就是这个样子的。这种主观的认知偏见在人际沟通过程中的具体表现有以下几个方面。

1. 晕轮效应

所谓晕轮效应是指对某个人的整体印象影响到对其具体特征的认识和评价的一种心理现象。当认为某个人不好时，就会觉得这个人各方面都不顺眼，一无是处；

当认为某个人很好时，他就会被一种积极肯定的光环所笼罩，觉得这个人什么都好。

2. 刻板印象

人际认知时，我们并不是把认知对象作为孤立的个体来认识的，而是把他看作某一类人中的一员，把他归入某一群体，认为他具有这一类人所共有的特点。这种把人划归某种类型加以认识的现象就是刻板印象。

3. 第一印象效应

两个素不相识的人初次见面所形成的印象叫作第一印象。第一印象效应是指一定条件下最先映入认知者视野的信息在形成印象时占优势。人际交往总是通过第一印象进行的。

4. 自我投射效应

自我投射指内在心理的外在化，即以己之心度人之腹，把自己的情感、愿望、意志、特征投射到他人身上，强加于人，认为他人也是如此。

（四）语义障碍

人与人之间的信息沟通主要借助于语言（包括口头语和书面语）来进行，而语言是交流思想的工具，它并非思想本身。由于人们的知识修养不同、语言表达能力不同，对同一种思想观点或事物，有的人表达很清楚，有的人却表达不清楚。此外，用文字表达思想或描述事物时不可避免地会产生语义上的障碍，如语言使用不当、文字不通顺、语义含糊不清；讲话时口齿不清或使用对方听不懂的土语、方言；使用对方不懂的学术、技术上的专门用语等。这些都易引起理解困难或误解，从而影响沟通。

三、 沟通障碍的特点

（一）贯穿始终

沟通障碍是沟通中常见的一种现象，而且伴随着沟通开始到结束。沟通双方对相同信息理解的差异性和沟通客观环境的变化，使得沟通障碍以不同形式、不同程度存在于沟通全过程中。这也就要求，沟通双方要随时注意预防严重沟通障碍的产生，了解对方的沟通特点并及时主动反馈是预防严重沟通障碍的有效手段。

（二）多重存在

在沟通中，通常会有多重沟通障碍并存的现象。当沟通中断时，沟通障碍往往不止一种。此时，沟通双方应就双方的心理状态、沟通的物理环境、沟通方式、沟通内容的组织进行反思，找到主要的沟通障碍加以解决。

（三）变异性

沟通障碍不仅贯穿始终、多重存在，还有变异性的特点。沟通过程会随着沟通双方目的、方式、内容、心理状态的变化而变化，沟通障碍也会由一种突出的障碍转变为其他障碍。例如，在跨国公司的管理中，语义障碍可能随着时间的推移，转变为心理障碍和管理障碍。语言习惯的不同，会增大管理沟通的难度，母公司与子公司的领导员工会因语言不通而减少交流，导致员工认为被边缘化，从而导致心理障碍的产生。

【活动空间】

沟通漏斗——丛林传话

练习形式：教师选择 12 名学生，组成 1 个小组，学生横向站立。从队首开始传递信息到队尾，看传到最后的信息与队首传递的信息是否一致。

练习规则：

①教师将写有信息的纸条交给队首学生。

②从队首学生开始，依次将信息从队首传递到队尾，注意只能给下一位队友讲一次，并且不能让其他的人听到。

③须在规定的时间内完成。

信息常用范例：早上，小明的妈妈给了小明十元钱，让小明去买早餐，小明买了一根油条和两杯豆浆，爸爸吃的是米饭，妹妹吃的是蛋糕，妈妈喝了一杯牛奶，爷爷直夸小明是一个好孩子。

练习时间：5 分钟。

讨论题：

①一段信息从队首到队尾发生了哪些变化？是什么原因造成的？

②如何减少信息的损失？

第三节 掌握沟通策略

在这个人际交往越来越频繁的时代，事业的成功、家庭的幸福、人生层次的提升都不能不借助沟通的力量。沟通始终起着关键性的作用，掌握沟通策略是每个人都应该学习的。

【小案例】

遇到这些麻烦要怎么办?

当你向上司汇报工作上遇到的难题时，是讲一大堆关于问题本身的抱怨，但没有分析也没有解决方案，还是抛出结论，然后按照分析问题—找出发生原因—解决方法的思路去汇报来得更清晰，更高效，更易于让人接受?

客户跟你沟通了很长时间，你也没明白他的核心观点是什么，最后不得不向对方表达“没明白你的意思，你需要我做什么?”

对方沟通时说了核心观点，但是不说为什么要这么做，当询问原因时，支撑观点的理由既不客观也没有数据支撑，最后以没有结果结束这场对话。

这三个场景中出现的问题在职场中非常常见，解决问题的办法是讲话人要把话讲好，要完整地传递信息。这就对信息传递方式的选择和内容的组织提出了很高的要求，而结构性思考正是帮助我们解决这一问题的有效思维工具。

一、 结构性思考

所谓结构性思考，是指从整体思考到局部，是一种层级分明的思考模式。简单来说就是借用一些思维框架来辅助思考，将碎片化的信息进行系统化的思考和处理，从而扩大思维的层次，更全面地思考。

（一）结构性思考的特点

结构性思考就是将人隐性的思考过程显性化。在繁忙的商务场合，如果提前将沟通内容进行结构化准备，沟通时直达主题，沟通双方即可达成高效沟通。掌握结构性思考的基本特点，有利于促成高效沟通。

1. 结论先行

所谓结论先行即是“先总后分”的体现，也就是先框架后细节、先总结后具体、先结论后原因、先重要后次要的一种表达方式。这种表达方式能够让听众迅速抓住我们要表达的主旨，帮助听众沿着我们的思路去理解内容，提高表达的效率和效果。

2. 以上统下

以上统下常常运用在书面沟通中，如报告、项目方案呈现、年终总结等。这种表达方式需要人们为沟通内容选择一个好的标题。好的标题的标准是“核心建议”，将报告的标题放在最前面会使主题一目了然，最有效果，然后运用数据和图表作为支撑这个结论的依据。

3. 归类分组

在日常工作中，每天都会有大量的信息涌入我们的大脑，将问题进行有效的分类，列出第一、二、三、四、五点。比如，“关于这个问题我有 3 点建议”“这个事情可以从以下几个方面考虑”……这样分类可使沟通变得条理清晰，思考更有效率，听众也能立即明白你想表达的观点及内容。

4. 逻辑递进

在沟通表达中，每一组中的思想需要按照一定的逻辑顺序来进行组织，这种逻辑顺序符合人们观察事物的习惯，更容易让对方记忆。时间顺序是逻辑顺序中非常重要的排序方式，任何事物的发展变化都离不开时间，比如产品的生产、历史的发展、文化的演变、动植物的生长等都是以时间为顺序的。当然除了时间顺序以外还有很多顺序是我们在表达时可以遵循的。

（二）结构性思考的步骤

在职场中，正确沟通的重要性远远超出我们的想象。大家都知道，只有把观点和建议表达清晰，才能获得领导、同行和客户的认同。美国一咨询公司（thoughtLEADERS）的创始人迈克·费寥洛认为，沟通失败的原因不在于分析问题的能力，而在于解决问题的能力。迈克·费寥洛提出极简思考的方法，无论是制定工作方案还是工作汇报，甚至是在沟通过程中，都要谨记“以结果为导向，根据听众的需求调整内容”。为此他给出了结构性思考的步骤。（图 4-2）

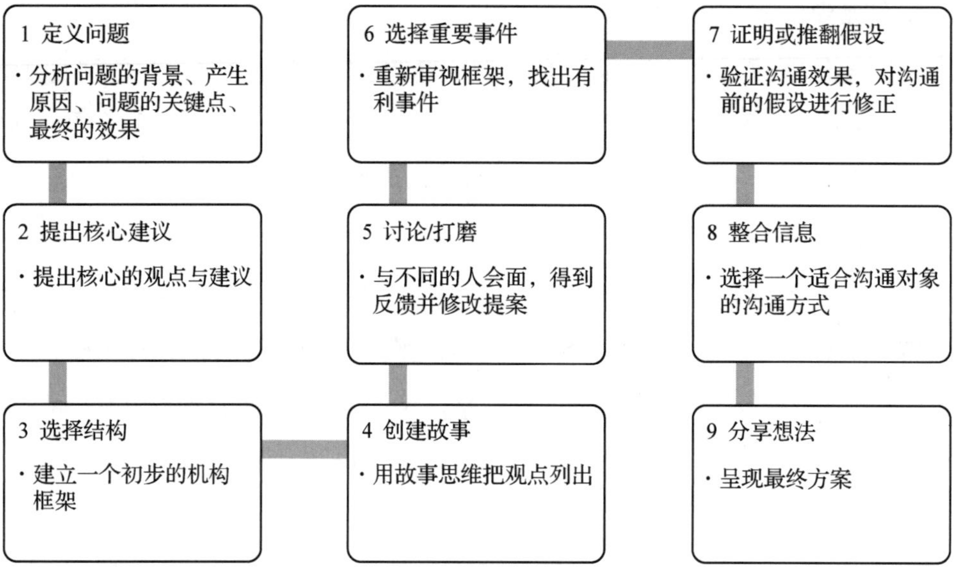

图 4-2　结构性思考的步骤

二、 同理心原则

（一）同理心的含义与层次

1. 同理心的含义

同理心原则是沟通中的一个重要策略。同理心具有三个层面的含义：一是将自己的意见放在一边，试着去了解对方，并尝试采用对方的观点；二是同理心具有情感因素，使我们更贴近地去体验他人的感受，去感受他人的喜乐、忧伤、恐惧等；三是真诚地关心对方。心理学家认为同理心具有共情回应的特性。站在对方的角度和位置上，客观地理解其内心感受，并且把这种理解传达给对方，可以避免很多不必要的冲突。

2. 同理心的层次

同理心是一种换位思考的习惯，强调一个人要站在别人的角度上来考虑问题。同理心分为表层同理心和深层同理心两个层次。表层同理心就是站在对方的角度上去理解对方的信息，听明白对方在说什么；深层同理心是理解对方的感情成分，理解对方隐含的成分。在沟通中，停留在表层的同理心是远远不够的，只有达到深层的同理心，这样才能真正听懂对方的意思。

3. 同理心的“共情”

“人非草木，孰能无情?”沟通中，“设身处地”是第一步，就是先站在别人的立场上去感受和体会，即所谓的感同身受；然后，在这基础上加以表达，也就是让别人明白“我感同身受”。

（二）同理心的“表达”

在换位思考中，了解别人固然重要，但我们也有义务让自己被别人了解，这通常需要相当的勇气。首先，要有充分表达自我的意识。在沟通中，沟通双方有义务让自己被对方了解，这种了解不仅限于沟通信息，也包含情绪和心理状态，因为情绪和心理状态也是一个人对事物观点和态度的一种表现，同样传递出重要的信息。其次，表达自己不是简单的陈述或自吹自擂，而是让对方充分理解“我”所有的信息，以开启对方的同理心，所以表达方式和内容的选择非常重要。因为在了解别人的过程中，沟通者随时可能产生新的见解。比如对方是否能够接受直接批评、是否可以接受愤怒或抱怨，如不能，是否可以采取更加柔和的语气和语言。古希腊人认为，人以品格第一，情感居次，理性第三。表达自己也应该遵循这三阶段进行。正确表达自己的目的是促进沟通双方相互了解，当沟通双方信息差异接近对称时，信息差异将不再是双方交流和发展的障碍。

在沟通中，共情是同理心实现的前提，表达是同理心实现的渠道。为了能够更好地理解沟通对象的所思所想，可以运用同理心与沟通对象共情，并通过语言、行为把这种感情回应给他，让沟通对象感受到善意、理解和支持，从而降低防备、敞开心扉，最终与沟通发起者一起构建和谐而有效的沟通过程。

三、 用心倾听

古希腊民谚说道：“聪明的人，借助经验说话；而更聪明的人，根据经验不说话。”在我国则流传着“言多必失”和“讷于言而敏于行”的名言。这些名言说明倾听与表达一样重要。倾听是一种能力，也是一种技巧。倾听是一种修养，更是一门学问。用心倾听他人的声音，就是对对方最好的关怀和体贴，善于倾听、增进理解是迈向事业成功的捷径。

（一）理解倾听

所谓倾听，就是用耳听，用眼观察，用嘴提问，用脑思考，用心灵感受。换言之，倾听是对信息进行积极主动的搜寻的行为。有效倾听的技巧可以通过学习而获得。认识自己的倾听行为将有助于你成为一名高效的倾听者。按照影响倾听效率的行为特征，倾听可以分为四种层次。

第一层次——心不在焉地听。

倾听者心不在焉，几乎没有注意说话人所说的话，心里考虑着其他毫无关联的事情，或内心只是一味地想着辩驳。这种倾听者感兴趣的不是听，而是说，他们正迫不及待地想要说话。这种层次上的倾听，往往导致人际关系的破裂，是一种极其危险的倾听方式。

第二层次——被动消极地听。

倾听者被动消极地听讲话者所说的字词和内容，常常错过了讲话者通过表情、眼神等体态语言所表达的意思。这种层次上的倾听，常常导致误解、错误的举动，失去真正交流的机会。另外，倾听者经常通过点头示意来表示正在倾听，讲话者会误以为所说的话被完全听懂了。

第三层次——主动积极地听。

倾听者主动积极地听对方所说的话，能够专心地注意对方，能够聆听对方的话语内容。这种层次的倾听，常常能够激发对方的注意，但是很难引起对方的共鸣。

第四层次——同理心地听。

用同理心积极主动地倾听，这不是一般的“听”，而是用心去“听”，这是一个优秀倾听者的典型特征。这种倾听者会在讲话者的信息中寻找感兴趣的部分，他们认为这是获取有用信息的契机。这种倾听者不急于做出判断，而是感受对方的情感。他们能够设身处地地看待事物，总结已经传递的信息，质疑或是权衡所听到的话，有意识地注意非语言线索，询问而不是辩解质疑讲话者。他们的宗旨是带着理解和尊重、积极主动地倾听。这种感情注入的倾听方式在形成良好人际关系方面起着极其重要的作用。

作为优秀的倾听者，要不断地创建一种积极、双赢的过程。倾听不是被动地接受，而是一种主动行为。当你感觉到对方正在不着边际地说话时，可以用机智的提问把话题引回到主题上来。倾听者不是机械地“竖起耳朵”，在听的过程中脑子要转，不但要跟上倾诉者的故事、思想内涵，还要跟得上对方的情感深度，在适当的时机提问、解释，使谈话能够步步深入。

【小视频】

倾听再上新境界

（二）有效倾听的五个步骤

倾听直接影响到我们的日常生活和工作的质量。有效倾听，能够解决生活和工作中的很多问题和麻烦，使一切都顺畅而平稳。如何做才能够实现有效倾听呢？遵循以下五个步骤，你就能够实现有效倾听。

1. 积极的肢体反应

对于沟通对象所传递的内容和信息，你一定要做出积极的肢体反应。在沟通中，积极的肢体反应会更加直观，使得沟通对象在第一时间就能够知道你对于沟通的回应。试想一下，如果你面对的沟通对象无论你说什么，对方都没有任何表示，那么你的沟通热情一定会降低，甚至会产生敷衍了事的心理。在沟通过程中做出积极的肢体反应，不仅是为了沟通对象，更是为了自己。例如，言语上的积极反应有“嗯，对，我明白了”等；肢体上的积极反应有点头、微笑、身体前倾、欣赏地看着对方等。

2. 对内容进行复述

沟通内容的复述并不是简单的重复，而是要把自己的理解融入复述中，这样做的目的就是向沟通对象确认你的倾听和理解是否正确。当你在复述沟通内容的时候，也是你在告诉沟通对象“我正在认真倾听”的时候。

对于沟通内容的复述最重要的是用自己的话来说，这样反馈给沟通对象的就是新的内容和信息，沟通对象不仅能够确认你在倾听，也能够获得新的有效信息，这个过程就是有效沟通。因此，复述是思想的交流，而绝对不是简单的重复。例如，“你刚才是说……”“你认为我这样理解对不对……”等。

3. 模仿对方的情绪

模仿对方的情绪是为了与沟通对象感同身受。如果不能充分地理解沟通对象的情绪，则会导致对某些内容和信息的倾听出现偏差。若想充分地理解沟通对象的情绪，就必须要感同身受，正确倾听。

情绪是决定有效沟通的重要因素之一，因此需要把握沟通对象的情绪，以便能够有效倾听、正确理解。模仿对方此时此刻的情绪，则可收到事半功倍的效果。例如，“你最不满意的地方应该是……”“你对这件事情的建议是……”等。

4. 说出自己的感受

沟通是双向的互动活动，沟通中双方的情绪、感觉都会通过语言、动作等相互影响，从而影响倾听的质量。为避免产生倾听障碍，沟通双方需及时表达情绪，尤其是不良情绪，通过表达弱化或化解不良情绪，也通过倾听了解对方的真实感受。顺利表达出感受，能够让对方及时地调整沟通计划，从而使有效倾听继续。例如，“我感觉有些不可理解”“我实在不太明白”等。

5. 适时适度地提问

对于无法了解或者没有听清楚的内容和信息，一定要及时进行询问以便沟通对象可以及时给予解释。在沟通的过程中，提问不要过度，应该适时适度。首先，不要打断沟通对象的谈话，在对方的话告一段落的时候，再提问；其次，提问应该具有针对性，不要漫无边际地什么都问。提向不仅能够进一步明确信息，而且也直接影响下一步的沟通。例如，“你认为问题出在哪里？”“我概括的观点你认为正确吗？”“你能不能就……问题，再说一遍？”等。

【活动空间】

头脑风暴：秘书给董事长的电话

“董事长您好！刘经理来电话说系统出现突发状况，4 点钟他无法参加会议了。小张说他晚一点开会没关系，明天再开也可以，但最好别 11 点 30 分之前开。可是会议室明天已被别人预订了，星期五是空着的。王总的秘书说，需要很晚才能从外地出差回来。我建议把会议的时定在星期五的 10 点，您看行吗？”

假如你是董事长，秘书说完了这段话，你有什么感受？请结合结构化思考的方法，帮这位秘书捋顺这段电话汇报吧。

四、 非语言沟通

非语言沟通是指除语言沟通以外的各种人际沟通方式，包括肢体语言、副语言、空间利用、时间安排以及沟通的物理环境等。

非语言沟通在实际沟通活动中起着非常重要的作用，甚至比通过语言表达的信息更重要。据研究，在沟通中，约55%的信息通过面部表情、手势和形体姿态传递。正所谓“无声胜有声”。对于倾听者来说，非语言沟通可以帮助他确定讲话者是否有诚意。正如人们常说的：“不仅听你说什么，更重要的是看你怎么说。”同时，讲话者也可以从非语言信息中得益，通过观察倾听者发送的非语言信息来确定他发送的信息是否已得到理解。

（一）非语言沟通的内涵

非语言沟通有各种类型，主要包括肢体语言、副语言、空间利用等。在人际沟通的过程中，人们的内心活动变化会通过肢体语言有意无意地流露出来。通过形体暗示透露出来的非语言信息主要有四种：一是态度信息；二是心理信息；三是情绪信息；四是其他相关信息。其中，手势和形体姿态在人际沟通中非常重要。我们可以将眼睛比作心灵的窗户。同样，也可将形体暗示(手势和形体姿态)看成是心理活动的晴雨表，内心活动的变化会在肢体语言中有意无意地流露出来。

（二）常见肢体语言及解析

1. 手势语

除了演员、政治家和演说家会通过训练使自己有意识地利用一些手势来加强语气，在一般的人际沟通过程中，许多手势都是无意识的。比如，当说话者激动时，手臂的快速动作可以强调正在说的话。手势有时也可被有意识地用来代替说话。例如，把手指放在嘴唇前表示要求安静。又如，当争论很激烈时，有人为了使大家情绪稳定下来，做出两手掌心向下的动作，意思是“镇静下来，不要为这一点小事争执了”。

表4-1中的手势常见于日常生活中，它们或者用来强调表述内容，或者用来代替说话。

表 4-1　日常生活中常见的手势

手臂和手	1. 双臂展开表示热情和友好。 2. 双手插裤袋表示冷淡或孤傲。 3. 两臂交叉抱在胸前表示戒备、敌意或无兴趣。 4. 双手合十表示诚意。 5. 招手表示友好或示意靠近。
手指	1. 捋头发表示对某事感到棘手，或以此掩饰内心的不安。 2. 指尖相触表示自信或耐心。 3. 指点某人/物表示教训或威胁。 4. 握拳表示愤怒或激动。 5. 搓手表示急切期待或心情紧张。

2. 形体语

形体暗示在传递有关自信程度、个人偏好、独断性、权力大小的信息方面起着关键作用。这里我们列举一些在沟通过程中受欢迎的暗示以及不受欢迎的暗示。

在沟通时表现出开放和自信的形体暗示对方很受欢迎。开放式的姿态通常表现为：伸展一下双手，松一下衣服扣子或领带，放松一下四肢。相反，紧缩双臂、夹紧双腿等动作则表现出一种自我防御的封闭式形体暗示。表示自信的典型动作有：手指尖塔(将手指指尖靠在一起形成塔尖状)；双手放在背后，下颌微抬；斜着身子，以手托头。而摸嘴、摸鼻子、抓头等手部小动作通常是一种不自信的信息流露。

开放式和自信的动作是受欢迎的，防御性和紧张的动作则不受欢迎。防御性的动作有目光下垂、捻弄手指、拉衣服和摸耳朵等。一般来说，任何毫无意义的动作都可能被解释为紧张的表现。

3. 眼神语

眼睛是心灵的窗户，眼睛具有很强的交流功能和感染力。透过眼神可以看到人的内心世界。

暴露人们心灵秘密的，首先是眼睛瞳孔的变化。在相同的灯光条件下，随着态度和情绪从积极转向消极，瞳孔就会由扩张转向收缩。当人们处在兴奋的状态中时，瞳孔会比原始尺寸大四倍；如果人们处在消极的情绪中时，瞳孔就会收缩。瞳孔的变化是无法用意志来控制的，因此，瞳孔是兴趣、偏好、态度、情感和情绪等的外在表现。

其次，目光的角度也会说话。目光的角度有斜视、注视、扫视、回避等。斜视的含意很丰富，它可能是表示感兴趣，也可能是表示不确定，甚至是表示敌意。当目光投向侧方的同时，眉毛微微上扬或者面带笑容，那就是很有兴趣的表现。如果斜视的目光伴随着压低的眉毛、紧皱的眉头或者下拉的嘴角，那就表示猜疑、敌意或者批判的态度。

注视在沟通中具备的意义尤为重要。说话人与听话人目光对视可起到感情和情绪微妙沟通的作用。目光专注不是死盯对方，否则会被认为不礼貌甚至是侵犯。一般 5 秒是人与人交谈时眼神交错最为恰当的时间。

目光注视停留区分为三类，分别是公务注视区、社交注视区、亲密注视区。公务注视区是在进行业务洽谈、商务谈判、布置任务等时采用的注视区间，注视区间的范围一般是以两眼为底线，以前额上部为顶点所连接成的三角区域。这一区域的注视常为企图处于优势的商人、外交人员、指挥员所采用，以便帮助他们掌握谈话的主动权和控制权。

社交注视区是人们在普通的社交场合中采用的注视区间，其范围是以两眼为上限，以下颚为顶点所连接成的三角区域。注视这一区域容易形成平等感，常被公关人员在茶话会、舞会、酒会、联欢会以及其他一般社交场合使用。

亲密注视区是具有亲密关系的人在交谈时采用的注视区间。其范围主要指对方的双眼、嘴部和胸部。恋人之间，朋友之间，注视这些区域能够激发感情，表达爱意。

4. 微笑

笑容历来被人们称为“人际交往的润滑剂”，其中微笑最具感染力，它永远是最受欢迎的。人在微笑时会流露出热情、自信、快乐、积极的态度。对别人开放和欢迎的态度，会给人容易接近和交流的印象。经常微笑的人和别人沟通时占据优势。

(1)社会交往中值得关注的五种笑容

抿唇笑：微笑者隐藏了某个不为人知的秘密，或是他不想与对方分享自己的想法或观点。

歪脸笑：由于内心并不愿意真正微笑，左右两边脸出现不对称，有挖苦讽刺的嫌疑。

开口大笑：这是一种很开心的感觉，勾起周围人想笑的欲望，营造一种快乐的氛围。

斜瞄式笑：微笑时双唇紧闭，同时还低下头，歪向一侧，并且斜着眼睛向上望，这样的笑容不禁会让人联想到年少时的俏皮。露出这样的微笑，意味着他想获得你的同情和保护。

傻呵呵地笑：这是一种没有特别意义的、习惯性的微笑。

(2)微笑必须达到“四结合”

微笑与语言相结合，彰显语言魅力。

微笑与眼睛相结合，彰显亲和力。

微笑与手势相结合，彰显人格魅力。

微笑与身姿相结合，彰显形象魅力。

尽管微笑的方式千差万别，但人人都希望得到灿烂的微笑，只要你试着送给身边的陌生人一个真诚的微笑，你有可能会得到意想不到的回报。

5. 环境语

空间距离是非常重要的环境语言沟通，不同的空间距离能够表达不同的意义和情感，甚至能够反映出不同的信仰、文化背景。人们在日常沟通中，都有在自己身体周围保持安全距离的专用空间，如果被侵犯就会不悦，甚至产生不安。一般来说，空间距离的近远与感情的亲疏成正比关系，空间距离也反映了个性和文化。性格开朗、外向的人对空间距离的敏感性较低，而性格封闭和内向的人需要的空间距离较大。

有学者研究发现，人们在交际中有四种空间距离——亲密距离、私人距离、社交距离、公众距离。(表4-2)四种空间距离，只是人际交往的大致模式，并不是固定的、刻板的。人际接触的具体空间距离是根据具体情况的变化而变化的。因此，具体的空间距离总是具有一定的伸缩性和可变性。

表 4-2　人们交际中的四种空间距离

距离类型	范围	相关感受与应用
亲密距离	0.5 m 及以内	1. 这是恋人之间、夫妻之间、父母子女之间以及至爱亲朋之间的交往距离。 2. 在公众场所，一般人是不允许别人进入这个空间的，否则，就是对对方的不尊重。 3. 即使因拥挤而被迫进入这个空间，也应尽量避免身体的任何部位触及对方，更不能将目光死盯在对方身上。
私人距离	>0.5～1.25 m	1. 在这一距离内，双方可以把手臂伸直，彼此亲切握手。 2. 由于这一距离有较大的开放性，亲密朋友、熟人可随意进入这一区域。 3. 在酒会的交际中人们常用这种距离，这种距离会让谈话双方有一种亲切感。
社交距离	>1.25～4 m	1. 这个距离体现的是一种社交性的、较正式的人际关系。 2. 在商务沟通场合，人们一般保持在这个距离范围内。采用这一距离主要在于体现交往的正式性和庄重性。
公众距离	超过 4 m	这是一切人都可以自由进入的空间。这通常是小型活动的讲话人与听众之间的距离。

【活动空间】

空间变化——翻叶子

练习形式：教师选择 5 名学生，站在一张铺在地上的报纸上，5 名学生要想方设法保持身体不接触报纸以外的地面，每轮将减少一半的报纸面积，4 轮过后，看还有多少人能留在报纸上。

练习规则：

①活动一共有 4 轮，每轮将减少二分之一的报纸面积。

②每一轮开始后，学生身体的任何部位不能接触报纸以外的地面，如有接触到的，即被淘汰出局。

③每轮时间 1 分钟，1 分钟后统计留在报纸上的人数。

讨论题：

在练习过程中，学生身体之间的距离变化带来了哪些不同的感受？是什么原因造成的？

第四节　驾驭职场沟通

职场中，大家性格殊异、年龄跨度大、成长阅历不一、认识有别，为了能够解决工作问题，人与人之间的沟通尤为重要。面试、上下级交往、同事相处以及与客户的相处在沟通方面都有其特殊性，掌握这些职场沟通技巧对获得事业成功有重要意义。

一、 面试沟通

许多用人单位在招聘中倾向于采取面试的方式来衡量和考评求职者的综合能力，因此应聘者了解并使用面试时的沟通技巧，能够使面试交流成为应聘成功的加分项。

在应聘面试时，须减少“那么，好吧，恐怕”等模棱两可或者纯语气词的使用，否则会给面试官以优柔寡断、不够自信的印象。有条理、有逻辑、好理解的讲话方式能够让面试官了解到应聘者具有较高的综合素养，为面试加分。

（一）表达要有个性特点

当今是一个追求创新的时代，具有创新精神和创新思维的人才深受用人单位欢迎。在言语表达时，如果能够突出个性，使听惯了常规回答的面试官眼前一亮，可以使面试的效果更佳。

【小视频】

简历不简单

（二）称呼要得当

恰当的称呼能够使沟通双方产生相容心理，带有积极情感色彩的沟通能够加深对彼此的印象和理解，反之，如果称呼不当，则可能会招致对方的不满或反感。如与工厂、企业的员工交流，可以称呼“师傅”“老师傅”；对事业单位的知识分子，可以称呼“老师”；对外企人员可以称呼“先生”“小姐”“女士”；对党政机关部门人员可以称呼其职务“某主任”“某处长”等。

（三）语气要得体

在与面试官沟通的过程中，以谦逊的、学习请教的态度与面试官谈论进入公司后的工作。“只有我怎样”“必须……”“非我不可”等过于自满的话，会显得应聘者极不成熟。

（四）不能过分使用口头语

面试属于较为正式的沟通，口语表达应不能太过随意。有一些应聘者，喜欢用“那么”“就是说”“嗯”等口头语引起下文，并在面试中重复使用，这种表达会显得应聘者不专业、不自信。在面试中，除特定的专业术语，不要夹杂英文口头语，如“well”“you know?”“yeah”，中英夹杂的口头语不仅有碍于语言的连贯，还容易使人生厌。

【小视频】

施展语言魅力，敲开职场大门

二、 对上沟通

上级领导是职场中的重要资源，是解决具体工作问题不可或缺的支持者，利用沟通拉近与上级领导的距离，获得领导的青睐与扶持，可以为职场新人铺就一条顺利成长之路。

（一）利用汇报展示实力

汇报工作的关键是说领导关心的问题。通过汇报让领导了解员工对问题分析和处置的办法，进而产生对员工工作能力的信任。向领导汇报工作的时候，一定要注意以下几点。

第一，整理重点突出、精简易懂的汇报稿。领导时间安排都比较紧，一般不愿意花非常多的时间与精力听下属长篇大论。在汇报之前，根据事件发展的逻辑性，采用结构化思维，明确列出关键点，并对关键点之间的重要性进行梳理，整理成可以快速理解的文本和汇报稿。

第二，在汇报的时候，要保持一种谦虚谨慎、不骄不躁的形象和风格。但同时也要表现得不卑不亢，语气平缓自信。

第三，要选准汇报工作的时机。根据汇报工作的重要性选择合适的汇报时间，如果是紧急事件，应及时向领导汇报，在有无关人员在场时也应请示领导是否需要单独汇报。如果是非紧急事件或可能被否决的方案，需要领导有充足的时间听汇报和思考，则应选领导空闲时汇报。

（二）运用请示赢得好感

工作中，遇到新情况自身权限无法解决或需要资源时，都需要通过请示获得领导的批准、支持和指示。请示是员工与领导在日常工作中非常常见又非常重要的沟通方式，注意请示的一些小技巧，可以赢得领导的好感。

（三）主动请示也是请教

职场中，领导不仅是资源的分配者，也具有丰富的职场经历。初入职场的新人不仅要按照企业规定向领导请示，还需要在遇到困难需要支持的时候积极与领导沟通，将请示变成请教，增加职场阅历，提高职场应变能力。

1. 不要把请示变成通知

请示在一定程度上表达了下属对领导的尊重，在请示时要注意语言的使用，尽量不用“我决定、我以为”等语言，而使用“想听听领导的意见”“希望领导给予指导”等，不要把请示变成通知。

【小案例】

请示的陷阱

刘菲菲是一个年轻干练、活泼开朗的女孩。入行没几年，职位就呈直线似的往上升，很快成为公司里的主力干将。几天前，公司空降了一位副总，上任伊始，刘菲菲就被叫过去了：“小刘，你经验丰富，能力又强，这里有个新项目，你就多费心盯一盯吧!”

受到副总的重用，刘菲菲备受鼓舞。恰好这天要去某周边城市谈判，刘菲菲一合计，一行好几个人，坐公交车吧，怕不方便，人也受累，谈判效果可能会受到影响；打车吧，一辆坐不下，两辆费用又太高；还是包一辆车好，经济又实惠。主意定了，刘菲菲并没有直接去办理。几年的职场生涯让她懂得，遇事多跟公司领导沟通是非常有必要的。于是，刘菲菲来到副总办公室，“夏总，您看，我们今天要出去，”刘菲菲把几种方案的利弊解说了一番，然后说，“所以呢，我决定包一辆车去！”汇报完毕，刘菲菲发现副总的脸不知道什么时候黑了下来。他语气生硬地说：“是吗？可是我认为这个方案不太好，你们还是买票坐长途车去吧！”

2. 请示留下书面记录

涉及重要事件的请示如资金的使用与流转、涉及部门人数众多的活动或决定，最好使用正式书面请示的方式，将上级领导的决定留下痕迹，以备档案留存。

（四）巧用进谏解决问题

工作具有一定的个性化、专业性特点，因而有时员工会与领导产生不同的意见，为解决工作问题而进谏则是不可避免的一件事。那如何能与领导进行有建设性的沟通呢？如何进谏才能成功呢？

第一，了解领导的心理状态，选择合适时机向领导进谏。当领导工作压力较大，负面情绪较高时，就不要选择进谏。

第二，保持良好的沟通心态，心平气和地开展沟通。尽管在职场中已经积累了一定的不满情绪，还需尽量克制。负面情绪会影响判断，让人做出不必要的过激决定，还容易因为不善的语气激怒领导，导致沟通失败。

第三，提出解决问题的建议。领导员工提出不同的方案都是基于思考的结果，想要改变对方的想法，至少应提出一些对解决问题有参考价值的看法。

第四，站在领导的立场上考虑他的目标和压力。如果你能把自己摆在领导的位置看问题、想问题，做他的忠实合伙者，则能够形成领导员工齐心合力的和谐关系。

第五，不要立即让领导做出决定。一般情况下，领导做出的决定应是经过综合考虑的，或还有员工不清楚的其他信息，应给领导一定的思考时间。

第六，在合适的场合下，委婉提出批评，无损领导权威。

三、 平级沟通

（一）用幽默营造和谐气氛

在职场环境中，有时因工作绩效的压力，会使办公室的气氛偏向沉重压抑，能够通过幽默的语言，打破沉闷气氛的职业人，能够很快获得周围同事的好感，并改善办公室的工作气氛，提高工作积极性。

在工作中，良好的工作伙伴关系能够极大提高员工配合的默契程度，也能够形成愉快的工作氛围，提高对企业的忠实度。但在工作中员工常会因为工作目标的理解、工作方法的选择、利益的分配而产生矛盾，使用幽默语言，则可以在无形中打破僵局、化解尴尬，使工作关系走向正轨。

【小案例】

找不到你的嘴巴了

有一次，为了处理领导交代的项目，阿雅和小玲有不同的意见，无法协调，她们发生了严重的口角。事情发展到后来，双方开始冷战，彼此形同陌路。到了第五天，阿雅实在忍受不了这样的工作气氛，为了打破僵局，她便把办公桌的抽屉全部打开来东翻西找。坐在对面的小玲旁观了好一阵子，终于忍不住好奇，开口说话："喂，你把所有抽屉打开来，到底在找什么？"阿雅看看小玲，幽默地说："我在找你的嘴巴和声音，你一直不跟我说话，我都快活不下去啦！"两人扑哧一笑，重归于好。

（二）肯定对方，化解异议

在工作中，不免与上司和同事之间对于某项工作产生异议。产生异议时最好的策略不是一味地听从也不是一味地抵制别人的观点，而是通过沟通技巧，及时灵活地处理异议，达到相互理解。

每个人都渴望被尊重被理解，通过肯定对方的付出和努力、赞美对方的工作能力，能够让对方感受到诚意，解除沟通过程中的心理防线，达成有效沟通。

【小视频】

有效沟通解决会议分歧

【小案例】

都市型还是乡村型的争论

某公司为了新开发的产品是属于都市型还是乡村型，而产生了两种相对的意见，引起相当大的争论。公司经理看到员工这么争论不已，便宣布暂停开会。当再度开会时，本来主张是乡村型的某带头经理这么说："大家若主张都市型的话，我也觉得不无道理。因为我从小在都市生活，对乡村不太了解，所以我也不敢断言，我只是觉得像是乡村型。我很愿意再听听主张都市型的同事的意见，使我态度的转变更合理。"于是争论变成了讨论，气氛好多了。后来又展开长时间的讨论，结论是属于乡村型，而且本来对立的双方心中都没有芥蒂地欣然赞成。

（三）不以追责为先

1. 探究原因，追责后置

发现问题，不要第一时间追究责任。因为第一时间追究责任，对方就会想到处罚，自然就会把精力放在想办法为自己开脱上，而不是努力想办法分析原因、解决问题。

发现问题，首先搞清楚实际状况，接下来组织大家探讨原因。"别急，先看看是什么原因造成这样的结果。"这样做，不但能表现解决问题的积极态度，也使对方容易接受不同的意见，最终找到解决问题的办法。

2. 缓解压力，期待合作

在出现问题之后，所有工作参与者都感到了失误的压力。此时，若抛开问题，运用轻松的话语，引导相关人员继续为解决问题努力，甚至向对方表达期待后续还有合作的想法，能够有效缓解对方的压力情绪，将压力转变为合作的动力，进而形成稳固的合作情感和良好的人际关系。

（四）礼貌说话，表达尊重

在与同事的相处之中，切忌采用居高临下的命令式沟通。而应采取一些礼貌用语，如在表达"打扰"时可用：劳驾、劳神、费心、烦劳、麻烦、辛苦、难为、费神等。

四、 客户沟通

（一）仔细观察客户

每一个客户都有其独特的个性，我们要运用观察力，从客户的面部表情、衣着、行为举止，分析客户的日常工作、生活和来访目的，这能有效拉近与客户的距离，提高沟通成功的概率。

（二）利用提问了解客户

1. 多问少答

跟客户交流时，要多问问题，通过问题了解客户的心理和产品需求。当客户回答问题时，不要打断，要耐心倾听，对关键信息要有所记录。涉及产品需求的回答，要通过复述的形式向客户确认。

2. 合适的语速

提问的语速会影响沟通的效果。如果语速过快，对方很可能听不清你的问题，来不及对问题做出及时反应，还会营造一种紧张的氛围；如果语速过慢，会让对方觉得不耐烦，失去和你沟通的兴趣和信心。因此，提问的语速既要保证让对方听清楚，又必须做到依据沟通的场所和特定的情境及提问的对象来调整。

【小视频】

巧问，帮你拿下一份订单

（三）以心换心，表达诚意

真诚是维护客户关系的重要原则。为客户的利益着想，以诚相待，客户的信赖感就会不断提升，忠诚度也会提高。反之，为了一时之利，行忽悠诈骗之事，则会使客户不断流失。

（四）设计谈话，着力引导

在刚开始与客户交谈时，首先对客户的近况表达关心，用赞美的语言调动客户想要沟通交流的情绪，为后续交谈打下基础。

其次，要讨论一些容易解决的问题，取得一些共识后，再讨论容易引起争论的问题，这样可以增加获得预期效果的概率。

最后，在沟通中，要做出以下几个判断。

①客户看中成交风险还是看中成本。

②客户的家庭成员和周围的人在多大程度上能够影响客户的态度。

③分析客户的心态、言语风格、价值观和喜欢的交流方式。

【活动空间】

头脑风暴：江枫汇报好在哪里？

江枫："多亏一线员工小组开发出的这个新流程，本季度我们部门的生产率提高了 10% 。"

王总监："太好了，江枫。我知道完成这个任务并不容易，但你做到了。"

江枫："是的。我们必须克服一些一线员工对变革的抵触情绪。他们不愿意改变流程。这就是为什么我决定采用一线员工小组来重组和实施这个新流程。"

王总监："我注意到，在把产品迅速发送到其他部门方面，还存在一些问题。"

江枫："是的，为了解决这个问题，我想采用先进先出系统来发送产品。但我还想听听您有没有其他建议。"

在例子中，江枫清晰地遵循了四个步骤来与上司进行有效的沟通：

①把重点放在绩效结果上。采用清晰易懂的语句向上司报告有关组织绩效的信息。

②说明困难。知道自己所面对的问题，并简要说明这些问题。

③提出解决方案。表明当前问题后，一定要提出解决方案。你建议的方案不一定要最好，但它表明，你思考了这个问题，而且想出了至少一个解决方案。

④寻求反馈意见。提出解决方案后，表明自己愿意听听其他方案。作为一名高级经理，应当不断向上司征询他的反馈意见。

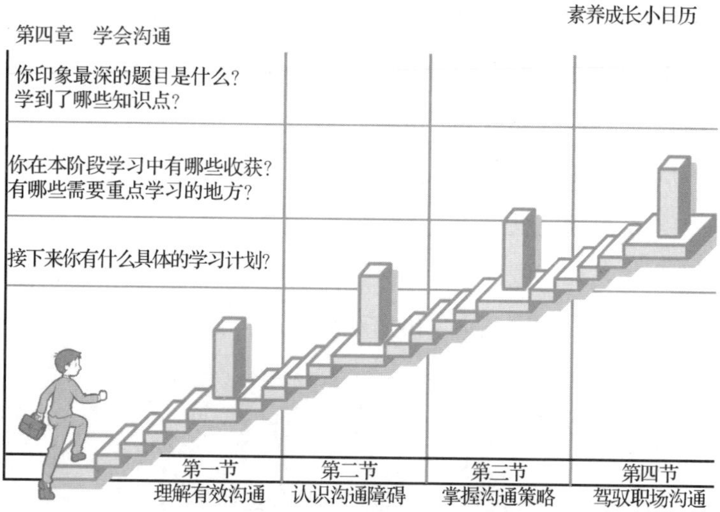
素养成长小日历
第四章　学会沟通
你印象最深的题目是什么？
学到了哪些知识点？
你在本阶段学习中有哪些收获？
有哪些需要重点学习的地方？
接下来你有什么具体的学习计划？
第一节
理解有效沟通
第二节
认识沟通障碍
第三节
掌握沟通策略
第四节
驾驭职场沟通

穿越职场丛林

CHAPTER 5

第五章
问题解决

CHAPTER 5

【导言】

“世界上使社会变得伟大的人，正是那些有勇气在生活中尝试和解决人生新问题的人！”这是诗人泰戈尔发出的振聋发聩的声音。为什么他会这样说呢？因为我们生活在问题之中，我们每天都在跟各种各样的问题打交道。但是，我们也会疑惑，为什么我们经常在问题发生后才意识到可以提前避免？为什么他人经常不理解我们提出的问题？为什么我们难以找到问题产生的根本原因？为什么制定解决方案这么难？如果你想找到答案，你想成为一个问题解决高手，请认真学习本章。

【学习目标】

1. 知识目标

了解问题表达和问题分析的知识，知道问题表达和分析在问题解决中的重要意义。能够说出问题解决的内涵、影响因素和策略。知道并理解创新和创新思维，能够说出职场创新的方法及对应的步骤。

2. 能力目标

能清楚意识到问题的产生，并正确表达问题，应用问题分析方法分析出关键所在，对于常规问题能尽快提出问题解决思路，对于非常规问题可以运用创新思维看待和解决问题。

3. 情感目标

树立问题意识和创新意识，提升问题分析能力，养成灵活的思维方式。将社会发展、企业发展和个人发展的目标结合起来，培养主人翁的工作态度，勇于直面问题，勤于探索问题，创新解决问题。

第一节　正确表达问题

日常生活中，问题时时刻刻存在，“今天中午吃什么菜”“天气转冷穿什么衣服”“如何完成领导交代的一星期之内完成一份营销方案”等问题几乎每天都会遇到。人类的优点在于能利用已有的知识经验处理熟悉或不熟悉的问题。但并不是每个人都具有发现问题、找出问题产生的原因、快速提出问题解决方案的能力。如何能够让自己拥有这些能力呢？首先要学会正确表达问题。

一、 什么是问题

（一）问题的内涵

认知心理学认为问题是给定信息与目标之间，有某些障碍需要被克服的刺激情境。人们所遇到的问题包含三个基本成分：第一，给定，即问题的最初状态，指已知的关于问题的描述；第二，目标，即问题的目标状态，是指关于结论的描述；第三，障碍，即问题的中间状态，是指由最初状态转变为目标状态的一系列认知操作。

作为职业人，问题是工作的永恒主题，工作内容就是一系列的问题，工作的目标就是解决问题。职场中随处可见的问题，也具有这三个基本的成分。当现有的工作情境给出的信息与需要达成的工作目标之间存在距离，而现有的方法并不能立刻解决，需要综合运用过往的知识经验或者创新手段才能达到目标的问题即为工作问题。在判断工作问题时，问题的原始状态非常重要，一定要了解实际情况中到底发生了什么，可以概括为“现场、现物、现实”的三现主义。只有实事求是地认真了解工作现场的问题，才能真正把握问题的实质。

【小贴士】

问题成分的特性

1. 问题成分具有可变性

问题有三个成分，这三个成分是具有可变性的。问题的目标会随着时间的推移和问题情境的变化而变化，也可能会随着问题的解决而发生变化。比如一位在食堂里找不到座位吃饭的人，他的原始目标是在食堂里找到一个空位坐下，结果他看到食堂卖的包子想吃包子，而包子可以打包带走，他就没有再去花费力气找座位，而是带着包子回到宿舍吃了。由此可见，当问题的目标、产生情境发生变化时，问题必然也会发生变化。

2. 问题成分具有对立性

问题的成分之间并不一定是顺应关系，很有可能是对立的。一是问题的目标和问题产生的原始情境是针锋相对的。比如，某公司因产品滞销而亏损，其目标不是止损而是能赚回成本和产生利润。二是在问题解决的一系列操作中，对问题某一特征的定义也会出现对立的情况。例如，对企业的利润而言，废水都需要处理，这些部分之于利润是负面的，并且由于废水会造成环境的污染，因此成为企业的弊端，但自从企业有了环保过滤设备，废水重复利用，反而节约了成本，成了赚钱的帮手。

（二）问题的分类

1. 明确界定的问题与未明确界定的问题

在问题的分类中，有一种很重要的分类方式就是将问题分为明确界定的问题和未明确界定的问题两类。明确界定的问题，即问题的目标已经明确说明，解决问题所需要的信息也都明确呈现，正确答案也是唯一且明确的，如撰写《××公司2018年度财务报告》，这就是明确界定的问题。

而未明确界定的问题就是起始状态、目标和认知操作过程都是模糊的，需要问题发现者自己去界定问题和目标。例如，濒临破产企业新上任的总经理，身处一个真实的问题情境，却无法明确问题究竟在哪儿，一旦对问题界定失误，公司的破产就不可避免。生活中的问题绝大多数都是未明确界定的问题，问题的界定、目标以及解决办法都需要由问题发现者自己决定。

2. 常规问题与非常规问题

问题还可分成常规问题与非常规问题两类。常规问题是指已经出现过并拥有问题解决经验的问题。常规问题可以通过各种途径学习，以增加间接经验来解决问题。非常规问题则是不存在一套有效解决方法的问题，需要问题解决者创造性地寻找新方法、新途径。

3. 知识贫乏型问题与知识丰富型问题

按照解决问题所需要的知识量多少来区分，可将问题分为知识贫乏型问题与知识丰富型问题。知识贫乏型问题在解决时只需要相对较少的、特定领域的专业知识，如智力测验中的图形类题目。知识丰富型问题需要某个领域的专门知识。然而，现实中的问题往往是需要大量的专业知识才能解决的，如专家的科学研究与发明者的创造，都离不开专门知识。

4. 根据问题的来源分类

(1)发生型问题

发生型问题是指人们已经意识到问题的存在并明确地指了出来，发生型问题是最常见、最容易被认识的问题。比如，一个工程建设项目，应该在两年之内完成，但是超过合同期半年还没有完工，由于不能按时完成而导致了一系列的衍生问题。这类已知的问题则是发生型问题。发生型问题的目标一般是改变原始状态、防止同类问题的再发生以及制止衍生问题的发生。

(2)设定型问题

设定型问题即人设定的问题，是为了防止真正问题的发生。例如，小王出差赶飞机，正常情况下飞机应该是早上10点起飞，从小王家到机场需要一小时的车程。为了不耽误自己的工作，他认真思考了一下在这个过程中可能会出现的问题：从家到机场这段路会不会堵车？如果堵车的话，需要多付出多少时间？航班会不会受天气影响而取消？如果会，是否准备了其他到达目的地的方案？所以最终，小王选择打车并提前两小时出发。

设定型问题，这些问题可能会发生，也可能不会发生，简而言之，在目前状态下，它们是不会出现的，但是从目前状态达到理想状态的过程中，它们有可能会发生。对于职场人而言，有效认识和解决此类问题，不仅对公司的发展有利，对职业人个人的成长同样也非常有利。

(3)未来型问题

未来型问题是目前状态下并未发生，但按照现在的条件和情境不断发展下去很有可能会出现的问题。在企业中，未来型问题也是企业正常发展必不可少的问题，比如随着企业经营规模的扩大，在未来的某一天将需要更多的职工参与生产与销售，人员短缺是未来必然会发生的事情。未来型问题也可以是为了事物能够进一步发展而人为设置的问题。例如，某一位应届毕业生刚进入企业，就定下了三年进入企业中层管理的目标。这也是典型的未来型问题。

二、 问题的呈现

一个人意识到了问题，首先就是要把问题呈现出来。但是呈现问题是人们主观思考的过程，也是人们思维加工的过程，因而问题的呈现可能会受到各种因素的影响，从而不能被客观、全面地表达出来，也无法被其他协同解决问题的人正确理解。

（一）影响问题呈现的因素

问题的表达不仅依赖于人的知识经验，同时也受到注意、记忆和思维等心理过程的制约。当问题表达人逻辑概括能力较好并熟悉问题相关知识时，能够更加清晰而明确地表达问题，并向协同解决问题的人讲清楚，反之则可能说不清楚问题是什么，从而增加了问题解决的难度。

客观环境也会影响问题的呈现，这也是认识问题一定要在现场、了解实物、注重现实的原因。由于企业管理中存在信息衰减的现象，所以“听说”“看材料”并不能触及真实的问题。

（二）如何清晰地呈现问题

1. 条理性概括

将问题原始状态所表现出来的信息有条理性地高度概括，尽量全角度地呈现问题。比如，公司需要制订一个职工春游的计划，那么需将什么时间去、去哪、多少人等问题都罗列出来，再着手制订计划和方案。

2. 用“数据”说话

作为职业人，数据是描述现实到底发生了什么的有效工具。商务信息尽量用定量信息的方式表达出来，如“大幅减少”应表达为“减少了××%”、增加了不少利润表达为“增加了××元”。

3. 学习相关知识

对专业领域的了解程度有时决定了问题呈现的方式。在心理学领域，对专家棋手和新人棋手的心理研究表明，他们的区别在于专家对棋谱记忆比新手要多且更加熟练，在对弈过程中，棋谱和类似棋谱的知识结构能够让专家更加清晰地掌握对手的动向，从而取得胜利。所以，了解的专业知识越多，越能够把问题说清楚。

三、 职业人的问题意识

（一）重视发现问题

人们经常会说这样一句话：“没有问题，才是最大的问题。”没有问题的潜台词，不是问题不存在，而是尚未发现问题。潜伏的问题一旦爆发，就会造成难以挽回的局面。轻视问题等于放任问题的发展，这些问题总有一天会成为阻碍发展的绊脚石。在职场中，人们会面临个人工作能力的提升问题、企业的管理生产销售问题，这些问题如果不能充分被发现，就会在某一刻导致个人晋升和企业经营管理的失败。

（二）要有面对问题的勇气

面对问题需要勇气。对个人而言，问题可能是个人性格特征、行为处事不周或者知识能力不足带来的。直面问题，就是直面个人不够光彩的一面，因而需要每个人都要有勇气和更加广阔的心胸，来面对问题揭开后的事实。工作中的问题，有时是个人因素占主导产生的，有时是工作岗位职责的要求所带来的。直面工作中的问题，需要勇气来对抗惧怕麻烦、惧怕付出的惰性心理。总之，面对问题不仅需要理性思考，更加需要勇气。

（三）问题既是“危”也是“机”

不管问题是客观存在的还是人为设定的，从辩证的角度看，问题不仅仅是危机还是机遇。解决工作问题是企业需要员工的理由，而能够即时抓住问题并解决问题的员工是每个企业都乐意提拔的人才。进入职场以后，问题的解决通常伴随着个人能力的提升和晋升机会的获得，只有积极地看待问题，不逃避，不拒绝，才能抓住职业发展的契机。

（四）强化主人翁意识

作为职业人，工作不仅仅是谋生的一种手段。工作上的成就应与自我不断提升和完善是相辅相成的，在工作中成就一番事业，是个人价值在社会中的充分体现。在职场中，个人的发展依托企业的发展，因而目光不能仅停留在当下的问题和职责所限的问题，而是把企业的目标甚至是社会的目标和个人目标结合起来，以主人翁的视角来看待企业的问题，主动出击发现问题、分析问题、解决问题，赢得上级和同事的信任，让自己与企业同步成长。

第二节　洞悉问题本质

问题之所以让人头疼，是因为它充满了迷惑人的假象。看到的问题也许不一定是核心关键，真正的问题被假象所掩盖，如果人们不能穿越问题的迷障，抓住问题的本质，将会导致在解决问题的过程中用错方法，走入歧途。如何能拨开重重迷雾，洞悉问题的本质呢？

一、问题的假象

环境中信息的多样性与人类认知方式的局限性，导致问题拥有许多假象来掩盖其本质。问题的假象一般有以下几个方面。

（一）问题的多面性

问题具有多面性，即指问题具有许多特征，从不同角度看待问题就会有不同的特征显现出来。比如，企业的废水、废渣问题，从利润的角度看，这个问题是负面的，可一旦成为新产品的原材料，又对企业的盈利有正面意义。换个角度看问题，问题可能就会迎刃而解。

（二）问题的关联性

问题与问题之间，问题的某些特征之间，不同问题的不同特征之间，都可能存在依赖关系，这种依赖关系被称为问题的相关性。例如，产品的价格与企业的设备成本、厂房租金、员工工资福利都有相关性。同一问题中，不同的元素之间只要有一个元素有程度数量方面的变化，就会导致其他的量值发生变化，从而导致问题变化或不同的问题继而迭生。比如，提高职工工资一般会增加商品的成本，但是因为提高工资带来职工较高的工作积极性，大大减少了次品率，提高了产品的合格率，从另一方面降低了成本。又因销售的积极性提高，销售渠道被拓宽，企业的产品销量增大，利润反而比没有提高工资时还要大。关联问题在生活和工作中非常常见，其重点就是找到那个引起关联问题的源头，一针见血，抓住关键问题。

（三）问题的叠加与分解

一个问题，可以与其他问题结合成新的问题，也可以分解为若干新的问题，这些通过分解而形成的新问题具有原问题不具有的某些特性。当我们看到一个复杂而且找不到解决方法的问题时，很有可能是若干问题的叠加，需要问题解决人把原始问题进行分解，制定方案各个击破。如何提升产品的销量是典型的叠加问题，可以分解为如何提升客户的购买量和如何提升客户的数量两个具体的问题。

（四）问题的潜伏性

问题的潜伏性是指在问题产生的初期，问题造成的损失不明显，不易让人察觉。但随着时间的推移，潜伏的问题一旦爆发，可能产生无法挽回的后果，破坏力巨大。潜伏的问题在生长过程中，都伴随着问题原始环境的变化，所以要想发现潜伏的问题，需要对问题环境的变化保持高度敏感。

二、 分析问题本质

（一）问题分析的意义

随着经济的高速发展和技术的不断进步，问题出现的频率加快，问题解决的要求也不断提高。因而现代企业在招聘员工的时候，越来越看重员工问题分析的能力。在世界五百强的一些公司中，更是把员工问题分析的能力放在考察其业绩的首位。除此之外，分析问题还是人们走向职场成功必备的一种思维能力，是人最重要和最有价值的能力之一，也是探索未知领域、发明创造的关键因素。

1. 指明方向

问题分析的过程，就是把问题的假象一一剥离，找到最核心最关键的地方，这一过程，将问题目标逐渐明朗化，为后续解决问题指明了方向。由于生活中大部分问题都是边界不明确的问题，我们既不清楚问题的原始状态和存在的情境，也不明确问题的目标。要想解决问题，首要任务就是通过分析，明确问题的现状和目标，这既有利于制订科学的工作计划，也能够有效评估问题解决的成效。

2. 整合信息与资源

分析问题的过程就是整合信息与资源的过程。问题分析可以将已有的资源、没有但可获得的资源以及缺乏的资源整合起来。在企业中，有一个规律称为“二八”原则，即充分利用20%的资源便可获得利润，如果利用好剩余80%的资源，企业能够更加成功。对于职场人而言，充分利用职场资源，也能为职业生涯带来更加宽广的道路和更加持久的前进动力。

3. 提高工作效率

在工作中，几乎绝大多数问题都是边界不明的问题，通过分析，才能确定问题的初始状态和最终目标。如果跳过问题分析这一重要环节，在问题的众多假象的影响下，很有可能制定并不符合实际情况的问题解决方案，从而导致问题解决时间的延长，也会浪费资源，更有甚者导致问题的扩大化。所以问题分析是解决问题中必须重视的一环，做好问题分析也能降低风险，大幅提高工作效率。

（二）问题分析的步骤

虽然要分析的问题千差万别，但问题分析又有一般需要遵循的步骤，这些步骤最大程度上保证了分析的科学性和严谨性。问题分析一般有以下几步。

1. 确定目标群

清楚准确地设定目标，是分析者解决某个问题、取得某种效果的必要前提，也是评价分析方案、评估实施结果的基本依据。目标是问题分析过程从想象走向现实的期望值。分析的是否科学、有效、贴近现实，通常由是否实现目标来确定。对于职场中经常出现的无确定答案的问题，如如何才能做好产品设计，首要任务就是确定目标，并且对目标进行解构，可以以问题的要素、时间、需求等来分解目标，形成目标群。

2. 制定问题分析框架

问题分析框架，也叫问题分析纲要，是以目标为基准，根据问题呈现的信息和环境提供的资源，确定问题分析的主次之分、层级之分以及分析方法。制定问题分析框架是做好问题分析的关键，是整理思路、厘清关系的核心步骤。

制定问题分析纲要时，一是注意将问题及其相关环境所呈现的所有信息进行排查和整合，当问题分析进入瓶颈时很有可能是因为关键信息被忽略了。二是需注意选择适切的分析方法，不同性质的问题需要不同的分析方法。三是根据目标之间的关系，选择首要分析和重点分析的部分。

3. 检验分析框架

制定了问题分析纲要，要通过一些手段来检验分析框架是否是科学的、能多大程度上帮助目标的实现。验证分析框架的关键点主要有：①各层级目标是否都有涉及，是否有所遗漏；②问题所呈现的信息是否有条理、有层次地出现在分析框架中；③问题解决所需要的资源是否被合理安排，各种资源在不同级别的目标中是否做到了物尽其用。

【小贴士】

主要市场调研报告的编制

企业的市场调研属于边界不明确问题，需要编制分析框架、企业市场调研报告。一般来说，企业的市场调研应按照以下步骤实施：市场调研计划、设计调查问卷、实施调研、分析、整理数据、编制市场调研报告。市场调研可具体细化为以下几个方面。

1. 销售活动调研

销售活动调研主要包括以下事项：调研在同行业中的地位；调研推销能力与效率；分析各地区的市场潜力；计算各商品的销售量；计算目标市场及结构容量。

2. 流通渠道调研

对销售机构，包括零售、批发部门进行详细调研。

3. 消费者调研

消费者调研主要包括以下事项：消费者地域的人口分布；消费者的受教育程度；消费者的购买力情况(收入情况)；消费者的价值倾向。

4. 舆论调研

为了弄清公司内外的舆论倾向，需要调研以下事项：对公司经营状况的评价；测评公司公关工作的效果；对公司商品销售地域的舆论进行调查；测评公司与交易伙伴的公关效果。

5. 价格调研

在新产品定价时，应事先进行价格方面的调研，主要包括以下事项：一般物价的涨落趋势；与关联商品的价格关系；竞争商品的价格调整趋势。

三、 常用问题分析方法

根据问题的性质，常用的问题分析方法有三种，分别是求因型分析法、操作型分析法、要素型分析法。

（一）求因型分析法

求因型分析法主要针对的是原因探究型问题，如“为什么公司的主营产品销售额下降了？”“为什么营销方案没有被领导采纳？”等类型的问题。这一类型的问题通常需要人们去思考：①直接导致主问题产生的原因是什么，根据可能性划分为第一副问题、第二副问题等；②分析第一副问题和第二副问题产生的原因；③以此类推，直到问题不可再分割，或有信息和数据提供相关的支撑。

求因型分析法具体事例见图 5-1。

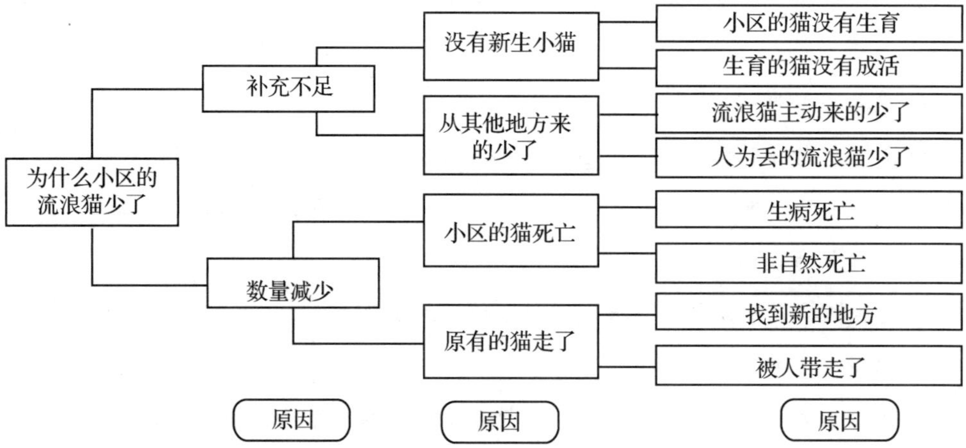

图 5-1　求因型分析法的具体事例

（二）操作型分析法

操作型分析法旨在为分析实现某个具体目标的问题而设计。该类问题主要是为达成一个具体的行动，如“如何推动内部信息共享”“如何提高人事部门的工作效率”等。操作型分析法主要对关键行为进行分析，将关键行为按照时间和行为顺序的逻辑关系进行分解。行为的逻辑关系指一个行为引起另一个行为，或者一个行为是另一个行为的结果。

操作型分析法的具体事例见图 5-2。

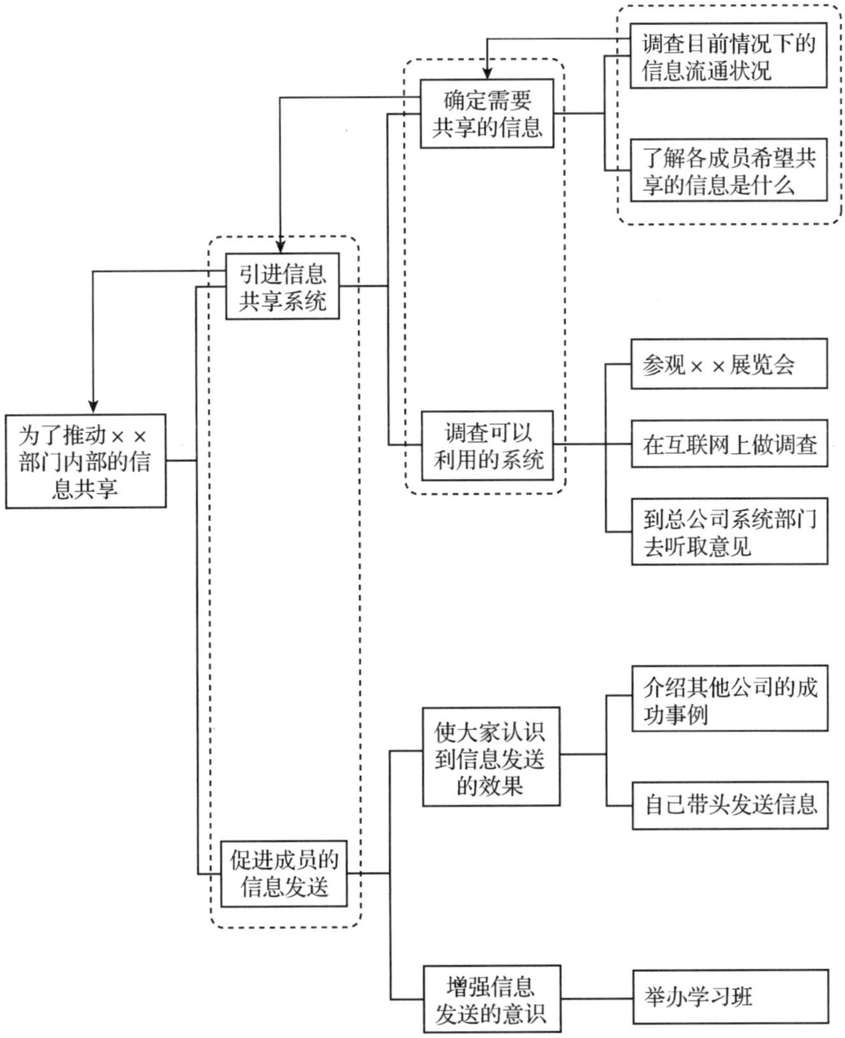

图 5-2　操作型分析法具体事例

（三）要素型分析法

要素型分析法主要指根据问题涉及的基本要素，对基本要素进行分解而展开的分析方法。要素型分析法的要点在于：解决问题需有较为专业的背景知识，能够从问题的性质入手，提炼出问题的本质属性或基本要素，再进一步探求基本要素的构成，直到将要素分解为环境中有直接对应的资源或信息为止。

要素型分析法的具体事例见图 5-3。

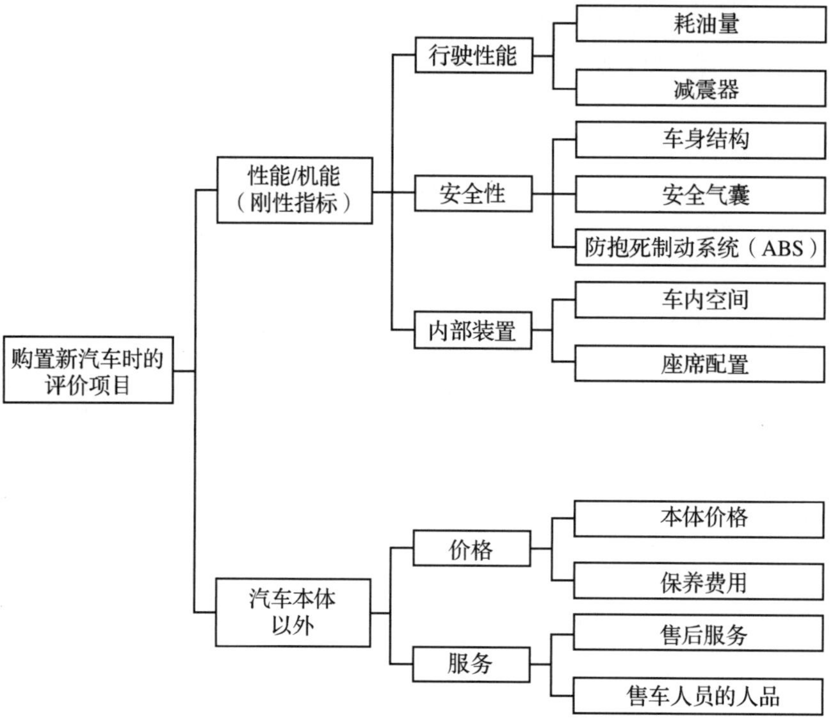

图 5-3　要素型分析法的具体事例①

【活动空间】

问题分析：谁偷了名画

侦探彼得正在书房里翻阅案卷，他的助手拿着一张纸条走进来。只见上面写着："蒙特博物馆有幅世界名画被盗，请速来侦破。"彼得站起身来，看了看表说："现在是晚上 11 点，不管是真是假，我们去看看！"说完就出门驾车而去。博物馆展厅里站着一男、一女两个管理员。彼得说："我是彼得探长，刚才接到通知，说贵馆有幅世界名画被盗了，请带我去查看一下现场。"经过一番检查，彼得觉得不像是外部偷盗，就让那两名管理员讲讲失窃前后的情况。女管理员说："7 点钟下班时，我们一起锁上大门，然后就各自回家了。几分钟前，他通知我说有幅名画被盗，我就赶来了。"男管理员接着说："我回家后想

① 图片改编自林大雍，《高效问题分析与解决》，北京，北京理工大学出版社，2015。

起有本书遗忘在展厅里，就回来取书，结果发现名画不见了。我马上给她打电话。”

彼得问：“你们7点钟关门时画还在吗？”“还在，关门前我还给画掸过灰呢！”男管理员答道。彼得请女管理员讲讲自己的看法，她说：“我对发生的这一切都不知道。依我看，肯定是偷画人给你写的纸条，想故意把水搅浑，这种贼喊捉贼的把戏在众多案件中屡见不鲜。”“你说得对极了，那幅名画就是你偷的！”彼得探长说完，让助手给女管理员戴上了手铐。你知道这是为什么吗？

第三节　制定问题解决策略

问题解决是职业人的核心能力，高效解决问题是为满足现代社会快速发展的要求。当问题被充分分析，关键点已经清晰明朗，制定问题解决策略就是必须要展开的重要环节了。

一、 什么是问题解决

问题解决是由一定情境引起并按照一定的目标，应用各种认知操作或技能使问题得以解决的过程。需要利用新认知程序的问题解决被称为创造性问题解决，利用已有认知程序的问题解决被称为常规性问题解决。美国心理学家安德森提出问题解决必须具有以下特征。

（一）目标指向性

解决问题的活动具有明确的目的性。解决问题就是通过一系列认知活动有目的地把初始状态变为目标状态。目标指向性要求问题解决活动必须围绕指定的目标进行，如果偏离目标，或没能达到目标，都视为问题解决失败。

（二）操作系列性

在问题的原始状态向目标转变的过程中，存在一系列操作，即问题的解决是由多项活动有顺序、有层次地推进的，而不是单一活动就能完成的。在职场中，通常解决一个问题需要多种背景知识经验和实践操作，甚至需要多人的配合来完成，职场中的问题解决多数具有明显的操作系列性。

（三）操作认知性

操作认知性是指问题解决的过程，不仅是一系列具体的动作，还具有认知的成分。例如，车工操作车床虽然是一系列的动作，但是属于以体力为主的操作过程，大脑认知参与的成分不多。若情境转变为维修工操作车床，则属于解决问题的活动，因为维修车床具有判定问题、分析问题原因、提出问题解决策略等一系列认知过程。

二、 问题解决的影响因素

（一）问题情境

问题情境是指呈现问题的客观情境。问题情境对问题的解决有重要影响。第一，问题情境中靠近人视野的比较容易解决，反之则困难，也就是说形象表达的问题比抽象的问题更容易被解决；第二，问题的本质与个人的知识经验越接近，问题就越容易被解决；第三，问题中所给予的信息越多，越容易使解决人找到相关的资源，但如果问题中包含的事物太多反而不利于问题的解决，因为干扰项相对较多。

（二）迁移

迁移是指已有的知识经验对解决新问题的影响。迁移有正迁移和负迁移之分。正迁移是指已获得的知识经验对解决新问题有促进作用。负迁移是指已获得的知识经验对解决新问题有阻碍或干扰。例如，学会骑自行车反而影响学骑三轮车，这是典型的负迁移；学会了骑摩托车容易学会开车，这是典型的正迁移。知识经验越丰富，抽象概括的水平越高，新旧情境之间的共同因素越多，迁移越容易发生。

（三）原型启发

原型启发是指在其他事物或现象中获得的信息对解决当前问题起到了关键作用。其中具有启发性的因素被称为原型。一般来说，作为原型的事物或现象多存在于自然界、人类社会和日常生活之中，非常丰富且依赖于独到视角的发现。现有的发明中有不少受到原型启发，如人类在飞鸟和鱼的启发下发明了飞机和轮船，受蒲公英飘浮的启发发明了降落伞，模拟蝙蝠的方向定位系统设计出了雷达。人类从动物、植物等自然界生物的形态、动作和机体结构中获得启发，解决了大量的生产生活和军事上的问题。

（四）思维定式与功能固着

1. 思维定式

思维定式是指在先前的活动中形成的经验影响当前问题解决的一种心理准备状态。它在思维活动中表现为引导人们以某种习惯的方式对刺激情境进行反应。也就是说人的思维会根据经验引导人们以某种习惯的方式解决新问题。思维定式对解决问题有积极影响也有消极影响。当情境问题是常规的，曾经发生过的，思维定式能够帮助人们提高问题解决的效率。但是当情境发生了变化，思维定式却又阻碍人们对问题的客观分析甚至阻碍人们提出适切的解决办法。

2. 功能固着

功能固着是指人们因总是认为某事物有一个固定的功能，而看不到事物的其他功能。在日常生活中，人们趋向于以习惯的方式运用某些物品，从而忽视了用新的方式去运用它来解决问题。比如，虽然硬币是交易的货币，但是硬币还可以导电；砖头的一般功能是做建筑材料，然而它还可以用来砸核桃。在解决问题的过程中，人们能否改变事物固有的功能以适应新的问题情境，常常成为解决问题的关键。要想打破功能固着来解决问题，就要具有变通的能力，最重要的是灵活的思维，能够较快想到事物的多种功能。

【小案例】

某企业是专门生产毛笔的，眼看着毛笔市场日益萎缩，产品库存大量积压，企业上上下下都很着急。怎样才能打开市场，扩大销售成了人们日思夜想的难题。于是，该厂组织员工进行了一场大讨论。然而，讨论了几个月，依然没有圆满的答案。毛笔市场是不是真的就山穷水尽了呢？就在大家对企业局面的改观已经不再抱有什么希望的时候，其中的一位员工依然没有停止思考。终于有一天他突发奇想：“我们能不能让那些不用毛笔的人也买毛笔?”

这位员工的奇想，使厂领导瞬间开了窍。于是，该厂重新思考经营策略，将传统意义上的毛笔转型为纪念笔——以婴儿胎发为原料制作“胎毛笔”，以新婚夫妇的头发为原料制作“结发笔”，以老年人的头发为原料制作“长寿笔”，此外还开发出“合家欢笔”“生日笔”“友情笔”。

（五）动机与情绪

动机的性质和强度会影响问题解决的进程，对问题解决的思维活动有重要影响。就动机的性质而言有积极和消极之分，动机越积极对人的推动力就越大，人们会积极地探索和推动问题的发展。反之，消极的动机会让人对问题漠不关心，放任其发展，导致问题愈演愈烈。动机的强度并不是越高越好，当动机强度过高时，紧张、惶恐、烦躁会使人产生剧烈的情绪波动，阻碍理性思考，不利于解决问题。动机强度适宜才能有效推动问题的解决，只有乐观、平静、轻松的情绪才能激发人的潜能，使智力处于积极灵活的状态，从而促进问题解决。

三、 职场问题解决策略

（一）爬山法

爬山法是一种形象的说法。当人们不能直接到达山顶时，会通过迂回的道路，寻找缓坡阶段性的接近山顶。爬山法指当目前到达目标的条件不足，目前的情境不能提供充足的资源时，可以先迂回解决与目标相关的问题，当条件与资源足够时，再解决目标的一种问题解决方法。

（二）系统化思考

系统化思考是问题解决的重要策略。所谓系统化思考就是以系统的观点来看待职场中的问题。在分析和解决问题时，要充分思考问题的现状与问题产生环境之间的关系，还要思考问题本身各要素、各机能之间的关系，也需要思考各子系统之间的关系。在问题解决的过程中，要明确哪些问题在时间上需要先处理，哪些问题使用哪些资源能够最大限度地接近问题目标。坚持用系统化的观点，思虑周全，可以大大提高问题解决的效率。

（三）正确看待经验

受思维定式和功能固着的影响，人们在解决问题的时候会将旧有的经验套用到新遇到的问题中，会忽略问题已经呈现出的一些新信息，甚至忽视问题所处的环境已经发生的微妙变化。正确看待经验，就是要求问题解决者对问题产生的情境状态以及相关信息有着充分的认识，对一切异常的信息和有用的资源都保持着机警敏感的态度。当意识变化产生的时候，能够不受旧有经验的束缚，勤于探索和思考，勇于追求真相，敏锐地抓住解决问题的关键。

【小贴士】

用数字而不是经验来思考问题

用数字来解析事实、思考问题。数字不仅可以反映客观现实，也能增加问题解决的思路。

养成核对原始数据的习惯，在查找、确认原始数据时，重要的是已经进行了问题定义和初步的问题分析，知道哪些数据与问题中的目标相关。

利用横纵对比。单纯的一组数字并不能完整地反映客观事实，通过相似情境的对比和时间顺序上的数字变化，可以轻易得出当下问题的程度，是较小、较重还是非常严重。如果多组数据能共同证明一个事实，得到的结论就具有压倒性的说服力。例如，仔细分析处理客服中心收到的顾客意见，如果有关合同修改的投诉有100条，就可以认为这是个事实了。了解到事实后，再开始考虑对其进行改善。

（四）以结果为导向

以结果为导向指在解决问题时追求有效性。解决问题要看问题是否应该被解决、是否能被解决。超越个人或企业所拥有的资源才能解决的问题，是不能被解决的。比如到了冬天冰激凌销量自然下降，冬天气温下降这种自然现象是不能被解决的。还有一些问题解决起来花费巨大，与其解决该类问题不如另辟蹊径，从结果出发，寻找新的替代问题。

【小案例】

某房地产开发商要建一高档住宅花园，经过市场调查后发现，很多消费者很想要既是别墅式又是花园式的住宅，由于南方天气潮湿，顾客都不想要一层的住宅。为了解决这一矛盾问题，该开发商设计了多套带楼顶花园的复式住宅，很受消费者的欢迎。这就是同时改变目标(不住底楼)和条件(花园在地面)而解决矛盾的例子。

【活动空间】

经验逆反训练

①请设计三条以上从教室去学校食堂的道路，并尝试计算每条路所需要的时间。

②经过实践检验以后，哪一条路所耗时间最短。

③思考如何将耗时最短的路线的时间再压缩一半。

解决问题时我们应时常自觉变换视角、更新观念，避免“一条道走到黑”的做法。打破经验对自己的束缚不仅可使我们的生活更加丰富多彩，也可以让我们从中产生灵感，开阔视野，活跃思维，丰富想象，成为一个具有创造力的人。

第四节　创新解决问题

在日常生活中，人们不仅会遇到常规问题，也会遇到新问题，此时就需要有强烈的创新意识来破除旧经验的束缚，能够熟练应用创新思维，制定具有创造性的解决方案。信息时代的到来，让社会各方面变化越来越快，新问题层出不穷，创新解决问题的能力也成为大学生需要具备的重要能力。

一、 树立创新意识

创新意识是一种对新问题、未知领域欲求尝试的冲动。它能推动人们寻求新知、探索进取，体现了人们追求美好生活的内在渴求。创新意识建立在创新即创造性解决问题这一本质特性上，来源于生活中的疑难问题。随着社会的发展，人们对高效解决问题的需求不断攀升，创新意识也越来越深地扎根在职业人的心中。

（一）什么是创新

广义上的创新泛指创造新的东西或使已有的东西展现新的特性。创新是在有意义的时空范畴内，以非传统、非常规的方式先行性地、有成效地解决各种问题的过程。

（二）创新的特征

1. 新颖性

新颖性体现在解决新问题所产生的一系列新的认识和操作过程中，也体现在新事物的产生或事物的新特征、新功能的形成中。创新的新颖性是创新的核心特征，也是创新解决问题和常规解决问题最本质的区别。

2. 预见性

创新所要解决的问题不仅可能是前人未解决的问题，还可能是关注着未来，在一定客观规律的基础上，对未来即将发生的和人类可能产生的需求进行的预测。创新的预见性常常能改变人们的生活。例如，移动支付的发明已经彻底改变了人们的生活甚至思维方式。

3. 先进性

创新不是简单地创造一个新的东西，而是创造一个符合人类期望发展方向、符合专门领域发展规律的新事物和新特征。创新与旧有事物相比具有高度的先进性，因为创新的先进性，使它成为促进人类发展的动力之源。

（三）创新的重要性

1. 信息时代的要求

新兴的信息时代是一个前所未有的时代，也是人类历史发展的又一个新高度，它是一个不确定的和复杂的时期，空前爆炸的信息布满世界，这对人类来说既充满了挑战也充满了机遇。凡是能够以最快的速度适应信息时代的国家、社会和个人将得以生存，而其他不能适应的可能会被时代所抛弃。可以说应对信息时代最好的手段就是创新。在信息时代，知识共享的手段和能力将大幅度超过人类获取、处理和整合各类信息的能力，那么创新地利用信息则是在信息时代生存发展的关键。因而，用创新的观点看待问题、创新的手段应对问题、创新的思维去预测未来，是国家、企业和个人发展的必由之路。

2. 创新型企业才有生命力

在竞争愈发激烈的今天，从管理创新、技术创新到制度创新，只有不断创新才能提升企业整合自身资源的能力，创造高效率的商业模式，提高行业内的核心竞争力。企业创新能力的高低，决定了企业应对市场的能力。当前的消费市场越来越趋于个性化和多变性，技术更迭的速度一快再快，如果企业不能适应外部环境与变革，将无法在行业中生存发展。只有不停地创新，从管理者到基层员工都保持着昂扬的创新势头，企业才能拥有持久的生命力。

3. 创新是实现个人价值的重要途径

创新是时代的要求，是企业生存的关键。作为员工，企业的发展不仅是管理者需要关心的事，也是基层员工需要关心的事。在工作中，有的员工认为创新是管理层的事，而员工只需要听话办事即可，因循守旧，怠于创新。殊不知，这样的员工已经不是想要发展壮大的企业所需要的了。那些能够将企业发展与个人发展结合起来，用自身的创新能力推动企业技术变革、管理变革的员工，才能被企业重视。随时保持创新的热情，不仅对企业有利，也对员工本人的形象、声誉、能力和前途非常重要。无论创新的建议是否被上级接纳，创新的过程进行得是否顺利，都能显示出这名员工对公司的热诚和责任感，都有助于建构员工与管理者之间的深厚信任。

二、 应用创新思维

（一）直觉思维

所谓直觉思维，是一种非逻辑思维的思维形式，它是对事物直接的知觉印象，但却能把握事物的本质和规律，其思维结果虽然仍以直观的形式表现出来，却是一种高度省略无用信息和减缩思维过程的思维。因而可以说直觉思维是逻辑思维高度压缩简化、自动化的结果。在直觉思维过程中，主体往往难以用言语将思维过程和得出结论的原因清楚地表达出来，常常归其为“第六感”“直觉”“知其然，不知其所以然”。

【小案例】

丁肇中发现J粒子

物理学家丁肇中，在从事基本粒子研究时，凭直觉判断出重光子没有理由一定要比质子轻，很可能存在许多有光的特征而又比较重的粒子。当时理论上并没有预言这些粒子存在，正是直觉判断使丁肇中选择了探查粒子存在的科研课题。经过几年的潜心研究，他终于发现了比质子重的光特征粒子——J粒子，J粒子的发现使他荣获1976年诺贝尔物理学奖。

（二）发散思维

发散思维又称扩散思维，是根据事物已呈现的信息，从不同角度或不同方向思考，从多方面寻求多样性答案的一种扩展性思维方式。它是一种多向开放的思维形式，其过程是从某一点出，按一定的方式沿不同方向进行思考。发散思维的每一条思路都是由问题的结构、要素和特征出发的，但各思路之间没有逻辑上的联系。所以，发散思维本质上是种非逻辑的思维形式。发散思维的思考方向有材质、功能、结构、外形、方法等，也可以从事物的因果关系、组合关系、系统关系出发引出思路。

（三）逆向思维

逆向思维是对司空见惯的似乎已成定论的事物或观点反过来思考的一种思维方式。敢于“反其道而思之”，让思维向对立面的方向发展。逆向思维具有普遍性、批判性和新奇性三个特点。常见的逆向思维类型有过程反向型、目标反向型以及因果反向型。过程反向型逆向思维是把事物发展过程中的时间顺序、结构顺序反向思考的思维方式；目标反向型逆向思维是指与最初制定的目标相反思考的思维方式；因果反向型逆向思维即某种恶果在一定的条件下又可以反转为有利因素的思维方式。因果反向逆向思维应用最典型的案例应当是人类对疫苗的研究。

（四）类比思维

类比思维是在两个具体对象之间通过结构、外形、关系、机制等元素，架起一个由已知属性跳跃式地推导出另一对象对应的未知属性的思维方式。类比思维中两种不同的事物之间的相似不仅指表面上的、直观的相似，还有两个事物组成元素以及它们所表现出的事物间深层联系上的相似。类比思维建立在人类对客观事物的归纳和演绎基础上，“类”指归纳的属性，“比”指相似的属性联结。因而，开展类比思维应先对事物本身有清晰认识，能够迅速找到两者之间的共通之处。类比的方法很多，有拟人类比、直接类比、象征类比、因果类比、仿生类比、对称类比等。在科学发现、技术发明中，运用类比思维取得的成果数不胜数。例如，笛卡儿由蜘蛛在墙角结网创立了解析几何、牛顿由苹果落地发现了万有引力定律、鲁班因被齿状野草划破手而发明锯子。

三、 职场创新方法

（一）个人创新

1. 移植法

移植法就是通过更换事物的某些属性和要素，从而产生新结构、新属性、新特征、新功能。创新中的移植，就是把一个对象中的概念原理、方法、内容或部件等运用或迁移到另外待研究的对象上，从而使得研究对象产生新的突破。移植法是一种转换和置换的思维方法，它使人们通过联想、类比和顿悟，把表面上看来毫不相关的两个事物或两种现象联系起来，从而产生创意。

【小案例】

从金融业开始的“移植”

出于金融业现金提取的安全考虑，20 世纪末人们开发出非接触射频识别智能卡技术。它是大规模集成电路技术、射频无线电技术、计算机软件技术和光机电一体化四大技术的集成产物，具有准确性、可靠性、能远距离识别、难以伪造和储存信息量大的特点。其目前已从金融业移植到物业管理、图书馆管理、快递服务、城市交通、停车管理等事物上。

【小贴士】

企业创新中常用的移植方法

在企业创新中，常用的移植方法有原理移植、结构移植、材料移植和方法移植。

1. 原理移植

将某种科学原理向新的研究领域推广和外延，原理移植的共性在于解决的问题类似。

2. 结构移植

将某种事物的结构形式或结构特征向另一事物移植。每种结构都有其优势和设计需求，需求和优势可以叠加迁移成为新的发明。

3. 材料移植

产品的使用功能、使用价值和制造技术，除了取决于技术原理、结构、方法外，还取决于物质材料。许多工业产品是通过材料的更换实现创新的，这就是材料移植。

4. 方法移植

科学研究每提出一种新的理论和技术方法，都能在很多领域的科研和技术创新中发挥启迪和催化作用。

2. 六顶思考帽

心理学家爱德华·德·波诺开发了六顶思考帽技术，他整理出了六种关键的思维方式，并将它们比喻成六顶帽子，每一顶都与一种颜色和图像关联。利用颜色和形象带来的心理暗示和思维启发，帮助人们厘清混乱的思路，并通过思维的切换找到创新点。六顶思考帽的具体内容见表 5-1。

表 5-1　六顶思考帽的具体内容

帽子	象征	做法
蓝帽	天空	搜集各环节的信息，获得基础数据，了解概貌，制作宏观图，用目标来控制思路不偏题
红帽	火焰	用情绪、直觉和感觉提出观点
黄帽	太阳	正面思维，对于事物运作赞赏和理解的部分
绿帽	植物	创造性思维，正常的进程中没有。特别需要注意的是，不考虑是否能实施，天马行空
白帽	床单	单纯的事实、数据和细节
黑帽	律师袍	批评性思维、裁决以及负面意见——为何事物无法运作

3. 检查提问法

该方法提出以下四个问题。

①增加功能。能否在现有功能外增加新的功能。

②提高性能。能否使事物变得更完善、更正确、更直接、更完全、更便利，使工作效率更高或产品更便于使用、保养、维修，使产品更加耐用。

③降低成本。制成降低成本的检查表发给员工开展调查，如能否节约原料？能否节约人工？能否节约时间成本？最好是既不改变工作，又能节约。

④提高销售。从管理、服务、设计、计划、制造等环节考虑，增加产品和劳务的服务范围、内容，提高吸引力和销售额。

（二）集体创新

1. KJ 法

KJ 法将界限不明确问题的相关事实、意见或设想之类的语言文字资料收集起来，并利用其内在的相互关系归类组合制作成卡片，以便从复杂的现象中整理出思路，抓住实质，找出解决问题的途径。KJ 法的主要特点是在归纳分类的基础上由综合求创新，问题复杂、情况混淆不清、牵涉部门众多时特别适合用这种方法。KJ 法的流程如下。

第一步，制作卡片。把事实要素分别书写在卡片上，只需 2 到 3 句关键信息。要尽可能地写得简洁。

第二步，卡片分组。卡片附上标签，标签经过分类。

第三步，编制小卡片群，思考并标出卡片群之间的关系。

第四步，阅读小卡片群，抓取关键要素并形成创新思路。

2. NM 法

NM 法是由日本中山正和发明、高桥浩做了改进的一种集体创新方法。中山正和根据高级神经活动理论，把人的记忆分成“点的记忆”和“线的记忆”。第一信号系统对具体事物形成的条件反射被称为“点的记忆”，第二信号系统对事物的抽象化形成的条件反射，被称为“线的记忆”。通过联想、类比等方法来搜索平时积累起来的关于事物的信息片段即“点的记忆”，再经过归纳整理、重新组合，连接成“线的记忆”，这样就会涌现出大量创意想法。这种创造方法在日本应用得十分普遍。

3. 头脑风暴法

美国学者 A. F. 奥斯本首先提出了头脑风暴法。头脑风暴是指在一次人数有限的会议中，每个参会人根据主题畅所欲言，展示奇思妙想，以集思广益的方式寻找到解决问题的有效答案，因而，头脑风暴法也叫智力激励法。

头脑风暴法是提高群体决策创造性的方法，适用于产品更迭速度快、个性化服务突出的行业，能够有效激发团队成员的创造力，构建创新氛围。

使用头脑风暴法的注意事项如下。

(1)参会人的选择

不相关领域的专家或技术能手，领域内的专家，主持人、记录人。

(2)参会主题的设定

现阶段需要解决什么问题?

要达到的效果是什么?

现有的资源有哪些?

已经开展的工作以及已经出现的困难有哪些?

(3)会议讨论

①问题沉浸：主持人介绍完主题后，一定要多次询问，参会人员对主题是否还有不理解或不清楚的地方。

②分发辅助材料：纸片、彩色的笔等。不同颜色的笔和象形图案有利于思考者整理思路，形成思维导图，从而快速发现创新的突破口。

③主持人引导参会人自由讨论，并将参会人最后确定的方法、点子在纸上记录下来。

④讨论模式切忌从一至终单对单，也就是说从一开始就小范围交流，这样无法达到高效激发每个人创造力的目的。

4. 综摄法

综摄法是一种典型的创意构思方法。它以已知事物为媒介，将毫无关联且不同的知识和要素结合起来，激发人们的创意，让人们产生多种创造性设想。综摄法的应用步骤如下。

①提出问题。问题的主题包含目标。

②专家分析。对问题进行简短分析：主持人提出问题后，专家先对该问题进行解释和概要分析。

③净化问题。首先，小组成员提出关于问题的想法，提交给专家让其进行评价。其次，专家进行评判，哪些想法有缺陷或不正确，缺陷在哪里或不正确的原因是什么。最后，专家记录新颖的观点。

④理解问题。从问题的某一部分入手，每一个参与者都要描述他所感知到的问题，写下一种或多种见解，或者以期望性、理想化的语言对问题进行再定义。

⑤牵强配对。把两种元素牵强地联系在一起，同时尽其所能地幻想。这种情况

通常会激发人们产生极具创造性的想法。

⑥实用配对。在此阶段，要有效结合解决问题的目标，对之前开发出的类比案例进行深入研究，从类比的例子中彻底找出更明确、详尽的启示。

⑦制定方案。为了制定完整的解决方案，需要充分发挥专家的作用，把创意构思转化为解决问题的方案。

【活动空间】

创新思维训练：寻找规则

请阅读以下思维思考题及其创新性的答案。你认为这些题目的设计与哪些规则有关？文中提供的答案又是如何突破这些规则的？

①问题：在美国的一座城市里，地铁里的灯泡经常被偷，窃贼常常直接拧下灯泡，从而导致安全问题。接手此事的工程师不能改变灯泡的位置，也没多少预算供他使用，但是他提出了一个非常好的横向解决方案，是什么方案呢？

答案：这位工程师把电灯泡的螺纹改为左手方向或者是逆时针方向，而不再用传统的右手方向或顺时针方向。这意味着当小偷认为他们正在试图拧下电灯泡时，实际上他们反而是在拧紧它们。

思考题：

你认为本题涉及的规则是：________________________________。

突破这些规则的方法是：________________________________。

②问题：游客有时会从帕台农神庙的古老立柱上砍下一些碎片，雅典当局对此非常焦心，虽然这种行为是违法的，但是这些游客仍旧把它作为纪念品带走。当局如何做才能阻止这一行为呢？

答案：管理当局从为维修帕台农神庙的立柱提供石材的矿石场里收集了一些大理石碎片，每天把这些碎片散放在帕台农神庙的周围。游客以为他们捡起来的碎片是从古老的立柱上掉下来的，因此他们不再从柱子上砍下碎片。

思考题：

你认为本题涉及的规则是：________________________________。

突破这些规则的方法是：________________________________。

素养成长小日历

第五章　问题解决

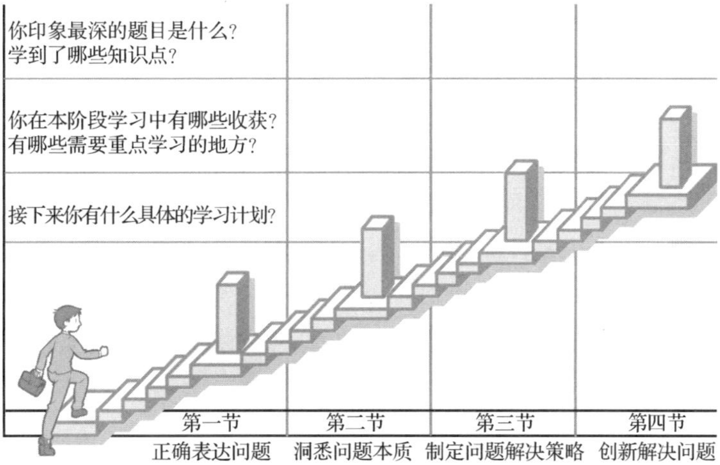

CHAPTER 6

第六章
学会自我管理

CHAPTER 6

【导言】

不同的时间，不同的环境，要求我们扮演着不同的角色。在人生的台前幕后，有时需要我们唱主角，有时需要演配角。演主角时要当仁不让，尽心尽力；演配角时要甘做人梯，绝不抢戏。而要演好自己的角色，必须找准自己的位置，清晰地认识自我，做好科学的时间管理和有效的情绪管理，激发自己的最大潜能。这样，才能做好自己，管理好自己的人生。

【学习目标】

1. 知识目标

了解自我认知结构、自我评价特点及原则。正确理解自我效能感的概念及其影响因素。能够掌握时间管理的重要性、基本原则和方法。知道情绪管理的基本方法。

2. 能力目标

准确理解自我认识和自我效能感激发的途径，学会科学利用时间，并做好情绪管理。

3. 情感目标

通过自我管理能力的学习与训练，提升自我管理能力，激发自身的潜能，追求自我完善。

【触景生情】

10年后，你希望自己做什么？

拿破仑·希尔做过这样一个实验，他问一群学生："你们有多少人觉得我们可以在30年内废除所有的监狱？"学生们觉得很不可思议，马上有人站起来大声反驳："这怎么可以，要是把那些杀人犯、抢劫犯以及强奸犯全部释放，这个社会别想得到安宁了，无论如何，监狱是必须存在的。"其他学生也开始七嘴八舌地讨论监狱不可能废除的理由。

拿破仑·希尔不为所动，他接着说："假设我们相信可以废除监狱，我们该怎么做？"

大家勉强把这个话题当成试验，开始静静地思索。过了一会儿，有人犹豫地说："成立更多的青年活动中心，应该可以减少犯罪事件。"不久，这群在十分钟前持反对意见的人，开始热情地参与话题的讨论，并纷纷提出自己认为可行的措施。最后，学生们总共提出了78种构想。

可见，当你真正相信某件事确实可以做到时，你的大脑就会帮你找出能做到的各种方法。

第一节　完善自我认知

古人说："智如目也，能见百步之外而不能自见其睫……故知之难，不在见人，在自见。"(《韩非子·喻老》)"见人"时是站在一种局外的角度，客观理智的评价自然就多一些。可是"自见"时处于局内，对自己的评价就容易掺杂一些主观的东西，使自我实现脱离自身的实际。因此，自我实现首先必须有完善的自我认知。

一、 自我认知的结构

自我认知是心理学研究的一个重要问题，它是指人对自己各种身心状况的认识和体验，具体来说包括对自己性格、能力、意趣的了解和对自我的悦纳程度，以及对自己的人生观、价值观、金钱观和幸福观等的自觉反省与调整等。自我认知是一个人完成自我意识统合，是正确客观认识和评价自我的基础，也是自我实现的前提和基础。

自我认知包括特定的三个部分，即自我观察、自我分析和自我评价。

（一）自我观察

自我观察是指对自己的感知、思维和意向等方面的觉察。人是观察的主体，同时又是被观察的客体，将自己的心理活动作为被观察的对象，觉察到自己此时此刻的身心状态等。古有“吾日三省吾身”，这里的“省”就有自我观察的意思。

（二）自我分析

每个人遇到困扰或者问题，都会通过两种方式来解决：一种是通过自己；另一种是求助于身边的朋友或亲人。但是在两种情况下，这两种渠道都无法很好地解决问题：一是没有习得这种自我解决问题的能力，或者这种能力在某些情况下无法正常发挥；二是缺乏求助的能力，或者缺乏必要的求助资源。

自我分析是个体把从自身的思想与行为中观察到的情况加以分析、综合，在此基础上概括出自己个性品质的本质特点的过程。

（三）自我评价

自我评价是指对自己的想法、期望、行为及人格特征的判断与评估，这是自我调节的重要条件。自我评价建立在自我观察和自我分析的基础之上，是对自己的能力、品德及其他方面的价值判断。自我评价有适当与不适当、正确与不正确之分。适当的、正确的自我评价使主体对自己采取分析的态度，并能将自己的力量与所面临的任务及周围人的要求加以恰当的比较。人们对自我的正确的认识和恰如其分的评价是比较困难的，因为认识自己是比认识客观世界更复杂的过程，除了认知因素外，还会受到需要、动机、能力等心理因素的影响。人们往往容易过高或过低地估计自己。

二、 认识自我的途径

在漫长的人生历程中，我们必须正确地认识自己。然而，在日常生活中，我们既不可能总把自己放在局外人的地位来观察自己，也不可能每时每刻去反省自己，于是只能借助外界信息来认识自己。正因如此，每个人在认识自我时很容易受外界信息的暗示。由于受到周围信息的暗示，我们很容易迷失在环境当中，并把他人的言行作为自己行动的参照。

【小贴士】

巴纳姆效应导致的自我认知偏差

有位心理学家给一群人做完多项人格检查后，拿出两份结果让参加者判断哪一份是自己的结果。事实上，一份是参加者自己的结果，另一份是多数人的回答平均起来的结果。参加者竟然认为后者更准确地表达了自己的人格特征。一位名叫肖曼·巴纳姆的著名杂技师在评价自己的表演时说，他之所以很受欢迎是因为节目中包含了每个人都喜欢的成分，因为他能够做到“每一分钟都有人上当受骗”。

巴纳姆效应在生活中十分普遍。例如，很多人请教过算命先生后都认为算命先生说的“很准”。其实，那些求助算命的人本身就容易接受他人的暗示。当人的情绪处于低落、失意的时候，就对生活失去控制感，于是，安全感也随之受到影响。一个缺乏安全感的人，心理的依赖性便会大大增强，受暗示性就比平时更强了。加上算命先生都比较善于揣摩人的内心感受，能够理解求助者的感受，求助者立刻会感到一种精神安慰。算命先生接下来再说一段一般的、无关痛痒的话便会使求助者深信不疑。

时至今日，我们不能不遗憾地说，“认识自己”的目标距离我们仍然很遥远。想要探索其原因，我们不能不提到心理学上的巴纳姆效应。巴纳姆效应是一种心理倾向，即人很容易受到外界信息的暗示，从而出现自我认知的偏差，认为一种笼统的、一般性的人格描述十分准确地揭示了自己的特点。

要避免巴纳姆效应，客观真实地认识自己，有以下几种途径。

（一）要学会正确面对自己

有人说：“成功时认识自己，失败时认识朋友。”这固然有一定的道理，但归根结底，我们首先要面对和认识的人都是自己。无论是成功还是失败时，都应坚持辩证的观点，不忽视优点和长处，也要认清不足与短处。假如因为自己有“缺陷”或者自己认为是缺陷，就通过一种或几种方法把它掩盖起来，那么我们对自己的认识就不会精确，也永远无法正确地面对自己。

【小案例】

拿别人照镜子?

洛克菲勒小时候是个十分贪玩的孩子。直到16岁那年秋天的一个上午，父亲给他讲了一个故事，正是这个故事改变了洛克菲勒的一生。

父亲说：“昨天我和多利亚去清扫一个大烟囱，那烟囱只有踩着里面的钢筋踏梯才能上去。多利亚在前面，我在后面。我们抓着扶手一阶一阶地终于爬上去了，下来时，多利亚依旧走在前面，我还是跟在后面。后来，钻出烟囱，我发现了一件奇怪的事情：多利亚的后背、脸上全被烟囱里的烟灰蹭黑了，而我身上竟连一点烟灰也没有。”

洛克菲勒的父亲继续微笑着说：“我看见多利亚的模样，心想我一定和他一样，脸脏得像个小丑，于是我就到附近的小河里去洗了又洗。而多利亚呢，他看我钻出烟囱时干干净净的，就以为他也和我一样干干净净的，只草草地洗了洗手就上街了。结果，街上的人都笑破了肚子，还以为多利亚是个疯子呢。”

洛克菲勒听罢，忍不住和父亲一起大笑起来。父亲笑完后，郑重地对他说：“其实别人谁也不能做你的镜子，只有自己才是自己的镜子。拿别人做镜子，白痴或许会把自己照成天才的。”

（二）培养收集信息的能力和敏锐的判断力

很少有人天生就拥有敏锐的判断力。实际上，判断力是一种在收集信息的基础上进行决策的能力，信息对于判断的支持作用不容忽视，没有相当数量的信息收集，很难做出明智的决断。

（三）重大事件中的自己

重大事件中获得的经验和教训可以提供了解自己个性、能力的信息，从中发现自己的长处和不足。越是在成功的巅峰和失败的低谷，就越能反映一个人的真实性格。所以我们可以通过重大事件，特别是重大的成功和失败来认识自己。

（四）善于与“他人”比较

以人为镜，通过与自己身边的人在各方面的比较来认识自己。在比较的时候，对象的选择至关重要。找不如自己的人做比较，或者拿自己的缺陷与别人的优点比，都会失之偏颇。因此，要根据自己的实际情况，选择条件相当的人做比较，找出自己在群体中的合适位置，这样的认识，才会比较客观。

【小贴士】

知人者智，自知者明

老子说过：“知人者智，自知者明。”知人者及自知者是从超然、独立的角度理性看待他人和自己的。具有超然、独立的态度对我们非常重要。

著名国学大师梁漱溟先生认为，人的一生要解决三个问题：人与物、人与人、人与自己。人与物的问题要求每个人要正确看待物质利益和物质回报，既不奢求，也不放任；人与人的问题要求每个人摆正位置，与别人和谐相处；人与自己的问题则是要求每个人挑战自我、战胜自我，不断创造更高境界的自我。

职场中有一定工作积累的人，在进行自我认知时经常会出现这样两种倾向：一是自负，高估自己、低看他人，或者把复杂的外部环境简单化；二是自卑，因为年龄、收入、职位、人与人之间的比较等苦恼。两种倾向的共同根基在于自我诉求的满足程度。换句话说，人之所以自负，要么是其优先级的愿望或诉求有多半获得了满足，要么是自己某项愿望毫无折扣地得到满足；而人之所以自卑，情形则恰好相反。如果自负和自卑两种倾向的由来都以需求被满足与否来衡量，那衡量的标尺太过于单一。

因此，认识我们自己，更是一把打开成功之门的钥匙。只有在认识自己之后，我们才能客观地评价自己的优点和缺点，并扬长避短；只有认识到自己的不足之处以及性格的缺陷，我们才会找到克服这些不足和缺陷的良方。认识自己，使我们能够从失败中总结教训，不断地提升自我以及超越自我。

人生在世，可以有知人的智慧，也可以有自知的理性，从古至今的许多成功人士，不但有聪明过人的头脑，更有集思广益、虚心听取各种不同意见、博采众长的本领。

三、 职场中的自我评价

（一）自我评价的特点

自我评价是建立在自我认知基础上，通过自我观察与自我分析等手段对自我身心素质的全面评价，它不但包含自我整体的心理素质和知识、能力的评价，还包含自我地位及外部环境的评价。自我评价在自我的个性发展中发挥着重要的作用，并贯穿于人生的全过程。它指导着自我的进步和发展，促使自我更加成熟和人格更加完善。就现阶段的我们而言，自我评价的特点主要表现在以下方面。

1. 自觉性和经常性

随着知识的积累、客观世界的发展变化以及自我意识的提高，我们的自我评价水平也越来越高，自觉性的自我评价逐步转入经常性的自我评价。正是由于现阶段自我评价具有自觉性和经常性，所以我们才会不断进步，日渐成熟。

2. 丰富性

现阶段的我们涉猎广泛，思考问题的能力增强，活动范围扩大，自我认识和体验日益丰富，自我感情日趋复杂，这就决定了自我评价的丰富性。例如，大学生的自豪感、自卑感、成功感、失败感、喜悦感、羞耻感等往往集于一身。再如，大学生的大公和自私、高傲和自卑、自我欣赏和自我贬低等同时存在。

3. 两极性

两极性是指自我评价过低或自我评价过高，它们都偏离了“现实自我”。现实生活条件和思想发展状况等原因，引起“自我”个体产生满意与不满意、同情与不同情的体验，导致理性认识上的真与假的判断，产生自我评价的两极性。

4. 深刻性

现阶段自我评价的自觉性和经常性，会使我们的自我评价能力和水平迅速提高，人生观和价值观趋于多元。我们既强调自我人生价值，又追求“实用”和“实惠”；既主张奉献精神，又力图索取；既追求社会地位，又不满足追求的结果；既尊重原则，又缺乏对不公平现象的正确态度；既想摆脱束缚享受独立人生，又想依托外界的帮助。这些自我意识中尖锐的矛盾，充分体现了当前自我评价的深刻内涵。我们总是力图使理想与现实、开放与封闭、情感与理智等矛盾，在自我意识的评价中统一起来，去寻求新的心理平衡，消除内心的焦虑和不安。

5. 敏感性

自我认识的发展、社会地位和威信的提高、知识面的扩展，都使得我们的自尊心和自信心得到增强。我们期待别人的赞许和表扬，又担心做得不好，受到批评，于是对别人的态度和言行极为敏感，容易产生强烈的情绪波动。

（二）自我评价的原则

职场自我评价是建立在自我观察、自我分析基础上的，对职场中的自我身心素质的全面评估。就原则而言，正确的自我评价应当注意掌握以下内容。

1. 客观性原则

职场中对自己进行观察、分析、评价要以客观的事实作为基础和依据。不客观的评价就是过高或过低的评价，过高会使自己脱离现实，过低又往往会忽视自己的长处，使自己缺乏自信，过于自卑。

2. 全面性原则

职场中的自我评价应当全面，我们既要看到自己的优点和长处，又要看到自己的缺点和不足；既要看到自己某一方面的特殊素质，又要看到自己的全面整体素质。

3. 发展性原则

职场自我评价时应根据职场实际情况，以发展变化的眼光看待自己的现实素质，做出客观、全面的评价，而且应当着眼于职场未来发展变化，预见自己将来在职场的发展潜力和前景。

（三）自我评价的方法

自我评价的方法主要包括个人能力评价、兴趣评价和人格评价等。在职场中，我们应当注意使用正确的自我评价方法，既要重视反省自身，又要广泛听取领导和同事的评价；既要重视心理测量结果的重要参照作用，又不应对其产生绝对的信任。总之，不论采取何种方法，都要注意相互之间的参照和综合，这样才能做出准确、全面的自我评价。

1. 个人能力的评定方法——普通能力倾向成套测验(GATB)

这种测验把人的能力做了 9 个维度的划分：G——智能；V——言语能力；

N——数理能力；Q——书写知觉；S——空间判断；P——形状知觉；K——运动协调；F——手指灵巧度；M——手腕灵巧度。它是对许多职业群检查各自的不适合者的一种成套测验。

2. 兴趣的评定方法——霍兰德职业兴趣测验

霍兰德于1959年提出了具有广泛社会影响的职业兴趣理论。此理论认为人的人格类型、兴趣与职业密切相关，兴趣是人们活动的巨大动力，凡是给人职业兴趣的职业，都可以提高人们的积极性，促使人们积极地、愉快地从事该职业，且职业兴趣与人格之间存在很高的相关性。

3. 人格的评定方法

人格的评定测试主要有自我气质测试、卡特尔人格特质理论、艾森克人格理论、九型人格简易测试等。

第二节　激发自我效能

20世纪70年代，阿尔伯特·班杜拉提出了“成功者不一定认为自己最棒，而是相信自己能做到”的理论，他认为，成功人士的重要特质之一是拥有“自我效能感”。

一、自我效能感概述

有些事情很多人之所以不愿意去做，只是因为他们想象中认为做这件事很困难，其实，只要你能拿出勇气坚持下去，也许很快就能排除障碍，铺平走向成功的道路。所以，在前往成功的路上，形象化的设想——或者说在脑海里创造出鲜明的、激动人心的画面——使我们拥有了最有力却没有得到充分使用的工具。很明显，我们对自己能否成功完成某项任务的推测很大程度上决定了这件事情是否能成功，这就是我们常说的自我效能感。

（一）自我效能感的概念

阿尔伯特·班杜拉在其著作《思想和行动的社会基础》一书中，首次提出自我效能感概念。自我效能感指个体对自己是否有能力完成某一行为所进行的推测与判断，即人们对自身能否利用所拥有的技能去完成某项工作行为的自信程度。他认为，由于不同活动领域之间的差异性，人们在不同领域所需要的能力、技能也千差万别。一个人在不同的领域中，其自我效能感是不同的。因此，并不存在一般的自我效能感。但是，另一些学者希望找到不依领域为转移的一般自我效能感。研究结果表明，所测到的一般自我效能感实际上正是一个人的自尊水平。

【小贴士】

自我效能感就是自信或者自尊吗?

至今关于自我效能的概念界定并非十分明确，特别是在与其他相关概念的区分上，因此也给自我效能的测量及其应用研究带来了困惑。自我效能感与一般认为的自信心和自尊心是有很大区别的。自信心，就是一个笼统的“自我相信”的理念，相信自己很美，相信自己很行，相信自己无论如何都比别人棒。自尊心，就是爱自己，认为自己很高贵，比别人都高贵，比世界上所有人都高贵。

心理学家发现，真正成功的人，并不需要特别的“自信”或“自尊”。很多成功的人，在他们还是不起眼的普通人的时候，他们只是深深地相信，他们能“做到这件事”。他们不是相信“自己很棒”，而是相信“自己能‘做’这件事”，无论自己怎么样都没关系，自己不如人也无所谓，重要的是“自己”可以充分发挥效能，将眼前的事情做好!

同时心理学家发现，很多成功人士都不是很有自信的人，但他们却有较高的自我效能感，比如：

“我虽笨，但我可以做成这件事!”

“我虽丑，但我偏偏就是可以做到这件事!”

“我虽穷，但我无论如何都可以做到这件事!”

这些有较高的自我效能感的人，总是认为：“成事不在天，而在我本人，我拥有每一分的控制权，决定做事是否会做成功!”因为有这种把握，所以，即使遇到了挫折和障碍，他们也能够在艰难险阻中继续前行。

我们在真实生活中从事各种活动时，大脑的思维过程与设想的思维过程是相同的，也就是说，我们的大脑认为，设想某件事和实际做某件事之间，在整个思维过程上并无本质区别。思想具有决定命运和结局的力量，这是一个普遍的真理，伦敦大学的罗勃·博哈利博士在教导智障孩子学习时说："想一个你认识的很聪明的人，然后闭上双眼，想象你就是那个聪明人。"孩子们照做后，接下来的测试结果的分数都有显著提高。

为什么会如此神奇呢？原来，你如果调动了全部身心，投入到非常生动的想象中去，大脑的潜意识便分别不出什么是现实，什么是想象，然后大脑就会按照你在想象时创作的记忆路线，自动下达行动指令，引导你走向你强烈设想的情境。

（二）影响自我效能感形成的因素

1. 个人自身行为的成败经验

这个效能信息源对自我效能感的影响最大。一般来说，成功经验会提高效能期望，反复的失败会降低效能期望。但事情并不这么简单，成功经验对效能期望的影响还要受个体归因方式的左右，如果归因于外部机遇等不可控的因素就不会增强效能感，把失败归因于自我能力等内部的可控的因素不一定会降低效能感。因此，归因方式直接影响自我效能感的形成。

2. 替代经验或模仿

人的许多效能期望来源于观察他人的替代经验。这里的一个关键是观察者与榜样的一致性，即榜样的情况与观察者非常相似。

3. 言语劝说

言语劝说因其简便、有效而得到广泛应用。言语劝说的价值取决于它是否切合实际，缺乏事实基础的言语劝说对自我效能感的影响不大，在直接经验或替代经验基础上劝说效果会更好。

4. 情绪唤醒

阿尔伯特·班杜拉在"去敏感性"的研究中发现，高水平的唤醒使成绩降低而影响自我效能。当人们不为厌恶刺激所困扰时更能期望成功，但个体在面临某项活动任务时的身心反应、强烈的激动情绪通常会妨碍行为的表现而降低自我效能感。

5. 情境条件

不同的环境提供给人们的信息是大不一样的。某些情境比其他情境更难以适应和控制。当一个人进入陌生而又易引起焦虑的情境中时，其自我效能感水平与强度就会降低。

上述几种信息对效能期望的作用依赖于人们对其是如何认知和评价的。人们必须对与能力有关的因素和非能力因素对成败的作用加以权衡，人们觉察到效能的程度取决于任务的难度、付出努力的程度、接受外界援助的多少、取得成绩的情境条件以及成败的暂时模式。阿尔伯特·班杜拉的社会学习理论认为，这些因素作为效能信息的载体影响成绩，主要是通过自我效能感的中介影响发生的。

二、 自我效能感的功能

自我效能感影响或决定人们对行为的选择，以及对该行为的坚持程度和努力程度；影响人们的思维模式和情感反应模式，进而影响新行为的习得和习得行为的表现。自我效能感高的人：期望值高、显示成绩、遇事理智处理、乐于迎接应急情况的挑战、能够控制自暴自弃的想法——需要时能发挥智慧和技能。自我效能低的人：畏缩不前，显示失败，情绪化地处理问题，在压力面前束手无策，易受惧怕、恐慌和羞涩的干扰——当需要时，其知识和技能无以发挥。

自我效能对行为的调控主要表现在以下方面。

（一）影响人们对行为的选择与行为的坚持

自我效能感高的人，常常倾向于选择适合自己能力水平又富有挑战性的任务；而自我效能感低的人恰恰相反。一个人在某一方面的自我效能感越强，预测到的成功可能性越大，他就越会努力尝试去从事这些方面的活动，新行为持续的时间也越长；反之，就会逃避那些自己认为不能胜任的活动，行为的坚持性也就越差。

（二）影响人们的努力程度和对困难的态度

态度是人们对事物所持的一种肯定或否定的心理倾向。作为实施行为的心理准备状态，它支配着人们在实施行为过程中的记忆、判断、思考与选择。具有高度自我效能感的人，多富有自信，勇于面对困难和挑战，相信自己可以通过努力克服困难，因此，会竭力去追寻和实现自己的目标；相反，自我效能感水平低的人，则会因为怀疑自己的能力而在困难面前犹豫不决、不知所措，甚至对能够完成的任务也不敢问津。

（三）影响人们的思维方式和行为效率

有研究表明，自我效能感水平低的人，总是担心自己会失败，把思想纠缠在个人缺陷和潜在困难上，导致紧张、自卑、注意力涣散、记忆力下降，甚至产生无助和无所适从感，从而影响他们采取行动以及新行为的形成和习得行为的表现，导致行为能力和行为效率低下。相反，有强烈自我效能感的人会把注意力集中在积极分析问题和解决困难上，他们知难而上、执着追求，在困难面前常常使自己的思维与解决问题的能力得以超常发挥，表现出优质的行为能力和行为效率。

（四）影响人们的归因方式

归因是个体解释和预测他人和自己行为结果的原因。据美国心理学家维纳的研究，人们通常把成败结果归因于努力、能力、运气和任务难度四大因素。自我效能感高的人，常常把失败归因于自己努力不够；而自我效能感低的人，往往将失败归因于自己能力不足、天资不够。

【小贴士】

成功者应该如何归因？

研究表明自我效能感绝不仅仅是由当前的活动结果和他人的评价被动决定的，在很大程度上，它是由人们对先前活动结果的归因决定的。

同样是失败的经验，它可能降低一个人的自我效能感，而不一定降低另一个人的自我效能感。只有把失败归因于自己的能力不足这种内部的、稳定的因素时，个体才会产生较低的自我效能感。而当个体把失败归因于运气、机遇之类的外部的、不稳定的因素时，则他的自我效能感不一定会下降。

成功的经验能否提高个体的自我效能感，也取决于个体的归因方式。只有当成功被归因于自己的能力出众这种内部的、稳定的因素时，个体才会产生较高的自我效能感；而把它归因于运气、机遇之类的外部原因时并不一定能提高个体的自我效能感。

归因对自我效能感的重要影响作用已经得到了广泛的认同，人的一切行为都是主客观因素相互作用的产物，外部的经验与主观的认知对自我效能感的形成都有很大的影响作用。

三、 激发职场中的自我效能感

（一）增加个体职场中的成功体验

自我效能感作为个体对自己与环境发生相互作用的效能的主观判断，不是凭空做出的，而是以个体多次亲身经历某一同类工作而获得的直接经验为依据的。它是获得自我效能感最重要的途径，并且也是对个体已形成的自我效能感进行验证的基本途径。因此，在职场中如果出现多次失败的体验，会降低个体的职场自我效能感；若是出现多次成功的体验，则会提高个体的职场自我效能感。

（二）增加职场中的替代性经验

替代性经验指个体通过观察能力水平相当者的活动，获得的对自己能力的一种间接评估。它是一种间接经验。它使观察者相信，当自己处于类似的活动情境时，也能获得同样的成就水平。因此，职场个体如果观察到同事成功和被赞扬的行为，就会增强产生同样行为的倾向；如果看到同事失败或受罚的行为，就会削弱或抑制发生这种行为的倾向。

（三）职场权威的语言说服

人们对自身能力的知觉在很大程度上受周围人评价的影响，尤其当评价来自有威信或对个体来说比较重要的人。职场中，可以通过权威人士的指导、建议、解释及鼓励等来改变自我效能感。当职场个体总能获得外界的关心和支持时，那么自我效能感就会得到增强。但是如果权威人士的言语劝导与职场个体的实际能力不一致时，一开始可能会增强职场个体的自我效能感，但经过验证后，反而会加剧降低职场个体的自我效能感。因此，职场权威的语言说服应当根据职场个人的真实情况，实事求是地进行。

【活动空间】

一般自我效能感量表(GSES)

请结合自身实际，认真阅读表6-1中的每道题，并在其后划一个相应的字母作为您的选择。

表6-1　一般自我效能感量表(GSES)

序号	内容描述	选项			
		A. 完全不正确	B. 尚算正确	C. 多数正确	D. 完全正确
1	如果我尽力去做的话，我总是能够解决问题的				
2	即使别人反对我，我仍有办法取得我所要的				
3	对我来说，坚持理想和达成目标是轻而易举的				
4	我自信能有效地应付任何突如其来的事情				
5	以我的才智，我定能应付意料之外的情况				
6	如果我付出必要的努力，我一定能解决大多数的难题				
7	我能冷静地面对困难，因为我相信自己处理问题的能力				
8	面对一个难题时，我通常能找到几个解决方法				
9	有麻烦的时候，我通常能想到一些应付的方法				
10	无论什么事在我身上发生，我都能够应付自如				

说明：

(1)计分说明

选项A，记1分；选项B，记2分；选项C，记3分；选项D，记4分。

(2)结果说明

10分：你的自信心很低，甚至有点自卑，建议经常鼓励自己，相信自己是行的，正确地对待自己的优点和缺点，学会欣赏自己。

11~20分：你的自信心偏低，有时候会感到信心不足，找出自己的优点，承认它们，欣赏自己。

21~30分：你的自信心较高。

31~40分：你的自信心非常高，但要注意正确看待自己的缺点。

第三节 科学利用时间

很多人都认为，时间管理的意义在于让我们工作得更有效率。这确实是掌握时间管理技能的一大好处，然而，时间管理的本质并非如此。英国哲学家、社会学家斯宾塞说："时间有限，不只是由于人生短促，更由于人事纷杂。我们应该力求把我们所有的时间用去做最有益的事情。"可见，时间管理其根本是人生的自我管理，是追求自我实现必备的素质。

一、 时间管理的重要性

做任何事情都少不了时间，时间是必须具备的一个条件。任何工作都是在时间中进行的，都需要耗用时间。但是对这项最特殊的、无可替代的和不可或缺的资源，绝大多数人却都以为可以取用不竭。一名成功的职场人与其他人最大的区别，就是他们非常珍惜自己的时间。

但是大多数人往往最不善于管理自己的时间。人类像其他生物一样，生理上有自己的"生物钟"——任何人如果有乘飞机越洋飞行的经验，应该都能了解。但是心理学实验证明，人的时间感觉是最不可靠的。把人关在黑房间里，很快他就会丧失对时间的感觉。即使在黑暗中，绝大多数人也能保持空间的感觉。在禁闭室内的人，即使有灯光，也不能估计时间的长短。他们有时对时间估计过长，有时又估计过短。所以，如果完全靠记忆，我们恐怕说不清楚自己的时间是怎样打发的。

有些职场人常自诩记忆力很强，实验者请他们把自己使用时间的过程凭记忆做一下估计，并且写下来。然后，把他们这份东西暂时保存起来。之后，实验者请他们随时记录自己实际耗用的时间。几个星期或几个月之后，再把他们原来的估计拿出来，跟他们实际的记录相对照，却发现两者之间相去甚远。所以，成功的职场人知道，如果要管理好自己的时间，首先应该了解自己的时间实际上是怎么耗用的。

二、 时间管理的基本原则——要事第一

美国管理学家科维提出了一个时间管理的理论：时间“四象限”法。这种方法把工作按照重要和紧急两个不同的程度进行划分，基本上可以分为四类：既紧急又重要、重要但不紧急、紧急但不重要、既不重要也不紧急。（图 6-1）

1 既紧急又重要	2 重要但不紧急
3 紧急但不重要	4 既不重要也不紧急

图 6-1　任务依重要性与紧急性可分为四类

我们每个人对这四类事务都会有自己的判断。但不管怎样，我们在现实中却常常落入这样的俗套：首先处理那些紧急的事务，等有了时间才想到那些重要的事务。重要性与目标有关，凡有价值、有利于实现目标的就是要事，而紧急之事往往对别人而非对自己重要。

按处理顺序划分：先是既紧急又重要的，接着是重要但不紧急的，再到紧急但不重要的，最后才是既不重要也不紧急的。“四象限”法的关键在于第二类和第三类的顺序问题，必须非常小心区分。另外，也要注意划分好第一类和第三类事，都是紧急的，分别就在于前者能带来价值，实现某种重要目标，而后者不能。

（一）既紧急又重要的事情——一定要减少

当我们过多地或被迫处理紧急之事时，那些重要而非紧急的事务迟早会变得紧迫，使我们陷入“救火队员”的模式之中，似乎永无宁日，也体会不到游刃有余的境界。显而易见，要想减少这类事情的比例，平时你必须首先关注重要但不紧急的事情。

（二）重要但不紧急的事情——需要我们最为重视

这类事情最关乎我们人生的效能，我们每天的生活都应围绕它们来展开，应该把大部分时间花在这类事情上。我们越是能够把大量的时间花在这种重要而不紧急

的事务上，就越能减少和避免危机的出现；相反，如果我们不在这块事务上花时间，危机就会滚滚而来，让我们手忙脚乱。

（三）紧急但不重要的事情——可以委托授权

我们为什么会感到忙而无功，原因往往就在于我们把大量的时间都花在了这类事情上面。主管临时派的某些活就可能属于这一类事情，也就是对于主管来说重要，对于你只是紧急。倘若你人际关系很差或委托授权的能力欠缺，那你只能独自忍受这类事情。而如果人缘好，你就可以找人帮你来处理这类事情。

当然，委托或授权不是倒垃圾，绝不能让对方感到你是把自己不爱干的事推给别人。高明的委托或授权是让你拥有更多的时间关注重要但不紧急的事，而又让被委托或被授权方感到你对他的重视和承担该项工作的价值，因为紧急之事往往对别人而非对自己重要。

（四）既不重要也不紧急的事情——尽量放弃

这类事情往往与你难于戒掉的习惯相关，譬如有求必应，沉迷于网游、泡吧等。我们常说积习难改。改变习惯真的那么难吗？

行为学的研究表明，如果坚持21天，你就很可能改变或养成一个新的习惯。当然，这21天，你需要经历如下过程。

第1～15天：感到别扭。

第16～18天：可以自觉地去做了。

第19～20天：感觉做起来舒服了。

第21天：变得自动了。

这样一来，你生活和工作行事的优先顺序是不是就出来了呢？

第一，把主要经历和时间花在重要但不紧急的事务上。

第二，减少那些紧急且重要的事务。

第三，把紧急但不重要的事务合理地委托或授权。

第四，杜绝不紧急也不重要的事务侵占你宝贵的生命。

三、 职场时间管理的方法

时间管理的有效性在于职场中把握要事第一的处理方法。但是，在职场中怎么判断这件事情是否紧急且重要呢？这就需要我们有识别重要信息的能力。哪些是重要信息？如何识别出来？有些信息一眼就能看出是垃圾信息，有些信息则明显非常重要，但有时确定一条信息是否重要并不容易。无论收到何种信息，你都可以通过问自己诸如“这些信息是否与我工作中的某个重要部分相关？”“如果必须付费，我还愿意接收或保留这些信息吗？”“80% 的价值其实来自 20% 的信息，这条信息属于那 20% 吗？”等问题来判断其价值。职场时间管理方法具体如下。

（一）职场中，要学会说“不”

职场时间管理首先要做的就是收集任务，知道哪些事情是自己需要做的，然后才能合理安排时间，高效率地执行。如果职场中收集的任务太多，好多都是和自己无关的，花再多时间做完也没有意义。然而，真实职场中，我们往往会收到来自同事的请求，帮忙完成一项工作。如果只是一两次也就无关紧要，但如果你发现已经无法拒绝他人，一直在做与自己工作无关的事，就要开始认真思考了，最重要的是，要学会说“不”。大多数时候，我们都会碍于面子，不好意思拒绝，但是不及时拒绝的结果就是让自己陷入困境。

所以，有时候说“不”也是一种态度，更是一种力量。在纷繁复杂的工作和生活中，只有对那些不重要的人和事说“不”，才能集中精力做好生命中更重要的事。

（二）合理设置缓冲时间

职场中分配自己一天工作时间的过程中，最好能留出半小时到一小时的缓冲时间，而不是把每一天都安排得很紧凑。因为一旦安排得太紧凑，遇到突发任务时，后面所有的任务都无法按计划执行，导致未完成的任务不断累积，这样计划和时间都需要重新安排。如若设置缓冲时间，则可以减少此类情况的发生。

（三）合理运用职场“二八法则”

二八法则（也称帕累托法则）在 1900 年左右由意大利经济学家维弗雷多·帕累托（Vilfredo Pareto）提出。（图 6-2）他发现了很多国都存在一个现象：80% 的财富由 20% 的人所持有。这个二八法则——特别是 80% 的结果来自 20% 的努力这一结论，后来被推广到商业和管理的各个领域。这种联系的准确

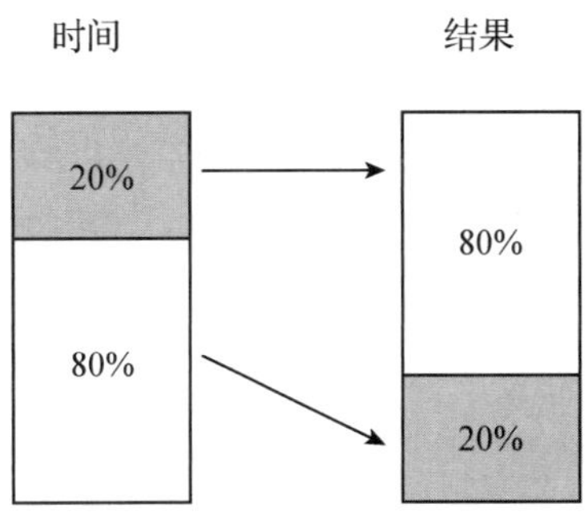

图 6-2　二八法则

性可能存在争议，然而事实是，如果你把精力集中在职场少数重要的事情上，而不是很多琐碎的事情上，你可能会收获更加满意的结果。

【活动空间】

你会处理好吗?

情境设置：你在一家公司担任销售业务主管，这天上午，你打算先打三个重要客户的回访电话，然后尽快做出本月的销售报表提交给总经理，好在中午的时候赶得及和一个老客户见面吃饭，顺便聊一聊后续的合作。刚打完两个回访电话，你就接到了销售小李打来的一个电话，小李说他今天临时请假，但是他答应了客户上午要提供一个方案，希望你能帮忙完成。刚放下电话，销售小吴来找你，告诉你有一个客户对公司延迟交付产品很不满意。

提问：你考虑了一下，然后你会怎么做？为什么？

第一，授权小吴去跟客户解释和说明一下原因。

第二，抓紧时间打完最后一个客户回访电话。

第三，帮小李完成客户需要的方案，你估计得到 1 点多才能写完。

第四，给老客户打个电话，取消和对方的午餐。

第四节　做好情绪管理

我们常常会有心情低落的时候，好像整个人都陷在生命的谷底，被一片愁云惨雾笼罩着。这时，有些人很快地恢复了轻松与平静，回到原有的生活之中；有些人却很难回得去，常常由于一时冲动而失去一份好工作，或者一直活在后悔、抱怨、愤世嫉俗之中。其实，不良的情绪并不可怕，正是有了它们的存在，才成就了我们酸甜苦辣的人生。快乐是可以自寻的，情绪是可以管理的。如果我们能调整、管理好自己的情绪，就会有幸福美好的人生。情绪可以决定一个人的命运，做好情绪管理关乎着人们一生的幸福与美满。

一、 情绪管理概述

（一）情绪的概念

情绪是个体对外界刺激的主观的有意识的体验和感受，具有心理和生理反应的特征。我们无法直接观测内在的感受，但是我们能够通过其外显的行为或生理变化来进行推断。情绪是身体对行为成功的可能性乃至必然性，在生理反应上的评价和体验，包括喜、怒、忧、思、悲、恐、惊七种。行为在身体动作上表现得越强就说明其情绪越强，如喜会是手舞足蹈、怒会是咬牙切齿、忧会是茶饭不思、悲会是痛心疾首等就是情绪在身体动作上的反应。美国哈佛大学心理学教授丹尼尔·戈尔曼认为："情绪意指情感及其独特的思想、心理和生理状态，以及一系列行动的倾向。"

情绪无好坏之分。一般只划分为积极情绪、消极情绪。由情绪引发的行为则有好坏之分，行为的后果有好坏之分。所以说，情绪管理并非是消灭情绪，也没有必要消灭，而是疏导情绪并合理化之后的信念与行为。情绪不可能被完全消灭，但可以进行有效疏导、有效管理、适度控制。

（二）情绪管理的概念

情绪管理即是以最恰当的方式来表达情绪，如同亚里士多德所言："任何人都会生气，这没什么难的，但要能适时适所，以适当方式对适当的对象恰如其分地生气，可就难上加难。"情绪管理是指通过研究个体和群体对自身情绪和他人情绪的认识、协调、引导、互动和控制，充分挖掘和培植个体和群体的情绪智商、培养驾驭情绪的能力，从而确保个体和群体保持良好的情绪状态，并由此产生良好的管理效果。简言之，就是用正确的方法，用正确的方式，探索自己的情绪，然后调整自己的情绪，理解自己的情绪，放松自己的情绪。

情绪管理不是去除或压抑情绪，而是在觉察情绪后，调整情绪的表达方式。有心理学家认为情绪调节是个体管理和改变自己或他人情绪的过程。在这个过程中，通过一定的策略和机制，使情绪在生理活动、主观体验、表情行为等方面发生一定的变化。换言之，情绪固然有积极和消极之分，但关键之处并不在于情绪本身，而是情绪的表达方式。以适当的方式在适当的情境来表达适当的情绪，就是健康的情绪管理之道。情绪管理就是要善于掌握自我，善于调节情绪，对生活中的矛盾和事件引起的反应能适可而止的排解，能以乐观的态度及时地缓解紧张的心理状态。

（三）情绪管理的重要性

情绪如四季般自然地发生，一旦情绪产生波动，个人会表现愉快、气愤、悲伤、焦虑或失望等各种不同的内在感受，假如消极情绪常出现而且持续不断，就会对个人产生负面的影响，如影响身心健康、人际关系和日常生活等。每个人都有情绪，但人们大都对情绪缺乏必要的了解和关注。消极情绪若不适时疏导，轻则败坏情致，重则使人走向崩溃，而积极情绪则会激发人们的热情和潜力——各种情绪不同程度地影响着人们的工作和生活。尼采在《善恶的彼岸》中说过："如果情绪总是处于失控状态，就会被感情牵着鼻子走，丧失自由。"

1. 情绪影响生理健康

《礼记》上说"心宽体胖"，意思就是情绪畅快时，人会愈来愈胖，而且愈来愈健康。如果有人跟我们说"您最近怎么面黄肌瘦"，亦即意味着我们常常情绪低落，茶不思，饭不香，导致脸色愈来愈差，甚至身体健康上出现状况。这就是心理学上所说"心身症"，也就是心理上生病，如过度焦虑、情绪不安或不快乐。另外，有研究指出，一个人常常有消极的情绪产生时，如愤怒、紧张，人体内分泌亦受影响，并导致内分泌不正常，而形成生理上的疾病。由此可见，时常面带微笑，保持愉快心情，并以乐观态度面对人生，则有助于增进生理健康。

2. 情绪影响人际关系

人际关系好坏取决于一个人情绪表达是否恰当。倘若常在他人面前任由消极情绪流露，丝毫不加控制，如乱发脾气，久而久之，别人会视我们为难以相处之人，甚至将我们列为拒绝往来者。反之，若常面带微笑、多赞美他人，以亲切态度与别人和谐相处，人际关系自然会逐渐改善。

二、 情绪管理的重要能力

（一）自我觉察能力

情绪管理的自我觉察能力是指了解自己内心的一些想法和心理倾向，以及自己所具有的直觉能力。自我觉察，即当自己某种情绪刚一出现时便能够察觉，它是情绪智力的核心能力。一个人所具备的、能够监控自己的情绪以及对经常变化的情绪状态的直觉，是自我理解和心理领悟力的基础。如果一个人不具有这种对情绪的自我觉察能力，或者说不认识自己的真实的情绪感受的话，就容易被自己的情绪摆布，以至于做出许多遗憾的事情来。

（二）自我调控能力

情绪管理的自我调控能力是指控制自己的情绪活动以及抑制情绪冲动的能力。这是建立在对情绪状态的自我觉察的基础上的，是一个人如何有效地摆脱因为失败或不顺利而产生的消极情绪(如焦虑、沮丧、激动、愤怒或烦恼等)的能力。这种能力的高低，会影响一个人的工作、学习与生活。当自我调控能力低下时，我们就会使自己处于痛苦的情绪旋涡中；反之，则可以从挫折或失败中迅速调整，并且摆脱消极情绪。

（三）自我激励能力

情绪管理的自我激励能力是指引导或推动自己去达到预定目的的情绪倾向的能力，也就是一种自我指导能力。它是一个人为达到自己的某种目标而产生、调动与指挥自己情绪的能力。一个人做任何事情要想成功的话，就要集中注意力，就要学会自我激励、自我把握，尽力发挥出自己的创造潜力，能够对自己的需要延迟满足，能够压抑自己的某种情绪冲动。

（四）对他人情绪的识别能力

这种觉察他人情绪的能力就是所谓的同理心，亦即能设身处地站在别人的立场，为别人着想。具有同理心的人，容易进入他人的内心世界，也越能觉察他人的情感状态。

（五）处理人际关系的能力

处理人际关系的能力是指调节与控制他人情绪反应，并能够使他人产生自己所期待的反应的能力。一般来说，处理好人际关系是一个人被社会接纳与受欢迎的基础。在处理人际关系的过程中，重要的是能否正确地向他人展示自己的情绪情感，因为，一个人的情绪表现会对接受者即刻产生影响。如果你发出的情绪信息能够感染和影响对方的话，那么，人际交往就会顺利进行并且深入发展。当然，在交往过程中，自己要能够很好地调节与控制住情绪，所有这些都需要人际交往的技能。

三、 职场情绪管理的基本方法

不稳定的情绪是毒药，特别是在职场上。每个人的表现机会都不多，若毁在自身的情绪不稳定上，就太不应该了，即使是在自己业务压力大而整夜失眠的情况下，我们也应该正确思考，有效给自己解压的同时，不将自身的焦虑施压在其他无关的人和事上，这是积累自身的职场口碑的关键，领导和同事也会对你刮目相看。

（一）冷却或转移职场注意力

职场中，我们难免会遇到一些不幸的、不好的事情，这时会产生不良情绪也是正常的，如果我们当场就把情绪发泄出来，可能会给自己的职业生涯造成不好的影响。这个时候，可以先离开原来的地方，尝试做点别的事情，转移自己的注意力，让那些不良的情绪冷却和平复下来。这种方法，可以很快地让自己从不好的情绪中跳出来，等冷静之后，再想办法去解决问题。转移注意力的方法有很多，比如可以独自出去散散步，听听音乐，或者是去洗手间洗个脸，心理暗示自己冷静下来。

（二）适度表达职场愤怒

在职场当中，任何事情你都忍气吞声并不是最好地解决问题的方式，其实有的时候，适度表达职场愤怒也是一种高情商的表现，要学会正确处理愤怒，不要任何事情都随意地去发怒。因此，遇到问题时，首先需要做的是缓解自己的情绪，不要随意去批评他人，然后要学会控制情绪并且转移情绪，找到自己发怒的原因，很多时候发怒的原因是自己的需求没有被满足。在职场中，我们一定要学会正确处理自己的情绪，这样才能够更好地解决问题。

（三）理情疗法

理情疗法强调理念、信念会主宰一个人的情绪。一旦不好或不合理的信念产生，情绪就会产生较大的波动。因此常保持良好或善意的理念，情绪也会较稳定。如失恋时，心情非常沮丧、伤心，认为“对方离开我，因为我一无是处，令人嫌弃”，如果太过于沉浸在这种思想中一定伤心失望到极点，甚至无法自拔，这时也许改变一下想法认为是双方不合适，而不是自己条件差，没人喜欢，则心情会有好转，并能重新振作起来。

（四）自我教导法

改变情绪、增加自信心的另一种方法就是自己找一句座右铭或对自己说一些肯定的话，以激励自己。例如，听到同事在背后批评我们时，心里一定愤愤不平，此时不妨告诉自己："我并不像他们所说的那样，我不必介意他们的话，我也不需要浪费精神和他们一般见识。"如此心情自然会改善。或者当我们遇到挫折，心情陷入谷底时，不妨告诉自己："要重新站立起来，天下无难事，只怕有心人。"

【活动空间】

我真的很烦吗？

练习形式：学生把未来7天所有烦恼的事情都记录下来，然后投入到一个大型的"烦恼箱"。

活动内容：半个月后，所有学生逐一核对自己的每项"烦恼"，看看这些烦恼是否都真的存在。

有一个心理学家做了一个实验：要求一群实验者在周日的晚上，把未来7天所有烦恼的事情都记录下来，然后投入到一个大型的"烦恼箱"。到了第三周的星期日，他在实验者面前，打开这个箱子，逐一与成员核对每项"烦恼"，结果发现其中有九成并没有真正的发生。接着他又要求大家把剩下的一张字条重新丢入纸箱中，等过了三周，再来寻找解决的方法。结果到了那一天，他开箱后，发现那些烦恼也不再是烦恼了。

据统计，一般人的忧虑有40%属于过去，有50%属于未来，只有10%属于现在，而92%的忧虑是从未发生过的，剩下的8%则是你可以轻易应付的。大多数的烦恼都会在第二天早晨好很多。克服烦恼的秘诀是——提升能力，聚焦到最关键的、最核心的8%的烦恼上来，解决掉它们。

素养成长小日历

第六章 学会自我管理

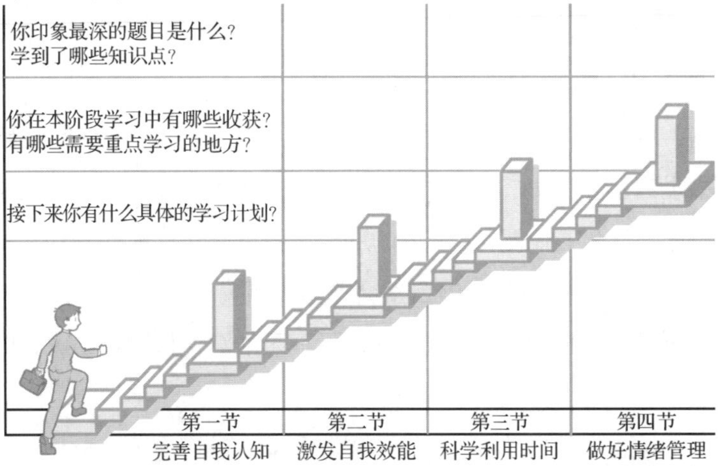

第三编　晋升之路：良好职业习惯

CHAPTER7

第七章
找信息用信息

CHAPTER7

【导言】

现代社会，互联网信息成为社会表达与沟通的主要载体，无论是政府还是企业，信息化管理已成为常态。身在信息的海洋中，高效处理、利用信息应该成为每个人的基本技能，这将是在信息社会生存的核心技能。

【学习目标】

1. 知识目标

了解信息素养的内涵，认识信息意识的价值，理解信息能力的概念，探索建立信息能力的方法和工具，认识信息社会责任感的意义。

2. 能力目标

能够运用信息、信息源的相关工具和思维模型，进行信息归类和整理，并得出一定的观点。

3. 情感目标

通过对信息的学习，了解信息使用的底线与义务，提升社会责任感，提高信息安全意识。

【触景生情】

企业在面试新员工的时候，有一道经典的测试题流传甚广。这道题的内容是这样的：一支队伍要到原始森林中进行为期一个月的生存训练；要求每名队员除了身上穿的制服外，随身只能带三件物品，每件物品不能超过2千克；队员们会被空投到半径为1000千米的原始森林中心地带，用一个月的时间从森林中走出来。如果你是其中一名队员的话，你会带哪三件物品？这道测试题其实测试的就是应试者对信息进行搜集、处理、分析，找到答案的能力。首先，在做选择前，要先搜集在极限环境中，生存的必要物资有哪些，然后再根据生存目标，进行筛选。根据人类生存三大要素(食物、能量、信息)，最后锁定最重要的三件物品：钢刀、火石、指南针。钢刀可以获取食物，火石可以取火、取暖、煮食物、驱赶动物，指南针可以指明方向，让人们走出森林。

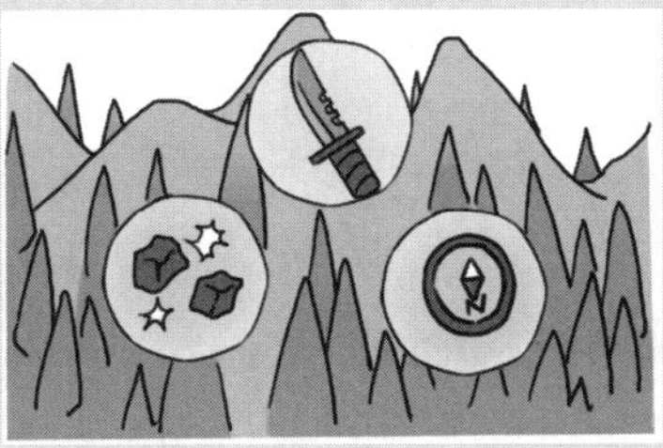

同时从这个极限生存的案例中，我们也可以看到，人类要在世界上生存和发展与三个要素有关系：物质、能量、信息。信息早就如食物一样，是人类无法回避的生存要素了。

第一节　了解信息素养

21世纪是一个集知识型、学习型、创新型于一体的知识经济时代，需要具有敏锐信息意识、良好信息道德、熟练运用信息能力的高信息素养的人才。信息素养已成为每个社会成员必须具备的基本生存能力，国民的信息素养和信息技术的运用水平已与国家竞争力密切相关。

一、 信息

（一）信息的内涵

美国数学家、信息论的创始人香农于1948年在《贝尔系统技术杂志》上发表题为《通信的数学理论》的论文，提出“信息就是用来减少随机不确定性的东西”。1988年，钟义信在《信息科学原理》一书中考察了30多种信息定义后，将信息界定为：“事物运动的状态和状态改变的方式。”信息不同于消息，消息只是信息的外壳，信息则是消息的内核。以1分钟的消息为例，有的消息包括的信息量很大，有的则很小。美国学者布克兰德认为，信息系统是围绕记录、文本、数据等事物而运行的，因此信息可以定义为事物或记录。从哲学的角度，我们可以将信息定义为：信息是事物存在的方式和运动状态的表现形式。随着信息技术的发展，信息的内涵不断变化和更新。信息的内容由文字扩展为图形、图像、声音等，信息渗透于各个学科，改变着各个学科，也在不同的学科视角下有了不定的定义。信息已经成了我们这个世界运行所依赖的“血液”了。

（二）信息的特征

1. 普遍性

世界上任何运动着的事物无时无刻不在生成信息，只要有事物存在、事物运动，就存在信息。

2. 客观性

信息是现实中各种事物运动状态与方式的客观反映，由于事物及其状态、特征和变化是不以人的意志为转移的客观存在，所以反映这种客观存在的信息也具有客观性。

3. 依附性

信息的记录、存储以及交流和共享必须依附于物质载体，以某种载体形式表现出来，如大脑、语言文字、声音图像、磁带光盘等，没有载体就没有信息。

4. 传递性

信息在运动中产生，在传递中发挥价值。信息传递可跨越时空，信息的获取和利用必须借助于信息的传递。

5. 共享性

信息能够通过时空进行传递，因此能够被人类所共享。与实物不同，同一信息可以同时被多个用户使用，信息并不会因为多人多次重复使用而丢失其内容。

6. 时效性

信息从生成到被接受的过程中，其效用与传递时间和传递速度有一定的关系。信息是种衰老较快的资源，因此获得的信息必须及时加以利用，以避免失去信息应有的价值。此外，信息还有可转化性、抽象性、动态性等特征。

二、 信息素养

（一）信息素养的内涵

2005 年 11 月，在埃及亚历山大城，联合国教科文组织、国际图书馆协会联合会和美国全国信息素质论坛联合召开了国际高级信息素质和终身学习研讨会，并发表了《信息社会在行动：关于信息素质和终身学习的亚历山大宣言》。亚历山大宣言宣称信息素质和终身学习是信息社会的灯塔，照亮了通向发展、繁荣和自由之路。信息素质是终身学习的核心。它能使人们在整个一生中有效地寻求、评价、利用信息，以便达到其个人的、社会的、职业的和教育的目标。

信息素养是指人们对信息、信息问题的敏感程度，是对信息的捕捉、分析、判断和吸收的自觉程度。看一个人有没有信息素养、有多高的信息素养，首先要看他有没有信息意识，信息意识有多强，即碰到一个实际问题，他能不能想到用信息技术去解决。发现信息、捕获信息，想到用信息技术去解决问题，是信息素养高的表现。

（二）信息素养的构成

目前的观点认为，信息素养由四部分构成：信息意识、信息知识、信息能力、信息道德。

1. 信息意识

信息意识是指人们对信息的敏感程度，主要表现为对外界信息、对自身信息以及提取有用信息的敏感程度。首先，对外界信息与自我的敏感度，能察觉到一些信息有利于提高能力、促进自我完善。其次，对信息的变化较为敏感，能够敏锐感知信息变化带来的局部变化乃至社会变化。最后，有意识地利用信息去发现未知，探索未来，促进社会发展。

2. 信息知识

狭义的信息知识是指信息的本质、特征、分类以及信息的收集处理方法等。广义的信息知识还包括现代信息技术相关知识、网络知识以及网络使用的相关法律法规。

3. 信息能力

信息能力包括获取信息、处理信息、生成信息和运用信息工具的能力。其中，处理信息是指对获取到的信息进行筛选、加工和处理的能力。生成信息则指运用人类思维将新信息与已知信息进行整合的能力。

【小视频】

微信公众号的建设

4. 信息道德

信息道德是指在信息的处理环节中，用来规范这个过程的各种社会关系的道德意识、道德规范和道德行为的总称。

【活动空间】

游戏：水果座位大战

活动目的：通过活动能体验到周边信息随时都在发生变化，如果把握不好这些信息，将会被“挤”出这个圈子(社会)。

活动规则：

学生围坐一圈，按1、2、3报数，报1的为苹果，2为香蕉，3为西瓜。你坐的位置就代表相应的一种水果。

教师说出口令，如苹果，所有坐在这个水果位置的学生，迅速换位，且不能和相邻的苹果座位换位，其余的保持不动。当教师说出口令“筐”，所有的水果位分别按照自己的规则换位，即所有水果口令同时生效。

圆圈中间站一个人，当圆圈上的人开始换位时，他会随机抢占其中一人的座位，口令结束后，没有座位或抢错座位的人将会被淘汰出圈，当下一轮中间抢座位的人。

口令进行2～3轮后结束。

活动分析：学生常常由于注意力不够集中，没有听清口令而违反规则；或没有对之前水果位置的信息进行搜集和记忆，导致抢到别的水果座位；或面对多变的信息，没有及时反应，失去抢座位的机会。在快变的环境中，每个人的位置与身份时刻都在变化，必须保持高度的信息获取意识以及极快的反应决策速度，才能抢得生存的一席之地。

第二节　获取有效信息

信息获取是指根据信息需求，选择合适的信息源，采取有效的方法进行信息的搜索。按照联合国教科文组织的定义，信息源是指个人为满足其信息需要而获得信息的来源。随着科学技术的发展，信息源的表现形式呈现多样化态势，主要分为文献类和实地调研类。

一、信息源

（一）文献类信息源

根据出版形式，文献类信息源可分为图书、期刊、报纸、学术论文、会议文献。

图书：指论述或介绍某一领域知识的出版物。图书往往是著者在收集大量第一手资料的基础上，经分析归纳后编写而成的。其特点是内容比较系统、全面、成熟、可靠，但出版周期较长，报道速度相对较慢。下列情况会用到图书：①系统地学习知识；②了解关于某知识领域的概要；③查找某一问题的具体答案。

期刊：一般是指名称固定、开本一致的定期或不定期连续出版物。期刊论文内容新颖，报道速度快，信息含量大，是传递科技情报、交流学术思想最基本的文献形式。据估计，期刊情报占整个情报源的60% ~70%，因此，受到科技工作者的高度重视。大多数检索工具也以期刊论文作为报道的主要对象。对某一问题需要深入了解时，较普遍的办法是查阅期刊论文。下列情况会用到期刊：①当做学术研究时，了解与自己的课题相关的研究状况，查找必要的参考文献；②了解某学科水平动态；③学习专业知识。

报纸：连续出版物的一种，通常每天或每周发行，主要收集时事和新闻及相关评论的各种文章。报纸最大的优势是时效性强。下列情况会用到报纸：①找关于国际、国内和本地事件的最新消息；②找社论、评论、专家或者大众的观点。现在随着纸媒的转型，更多的报纸把信息发布转移到了网络平台上。

学术论文：是指为申请学士、硕士、博士等学位而提交的学术论文。下列情况会用到学术论文：①科学研究开题前的文献调研；②博硕士研究生撰写开题报告时；③撰写毕业论文或毕业设计时；④追踪学科前沿发展、研究过程时。

会议文献：是在学术或专业会议上交流的论文和会议资料编辑出版的信息。下列情况会用到会议文献：①了解与自己课题相关的研究状况；②了解某学科发展动态。

以上的信息源为正式文献类，虽然查找所需时间比较多，但信息准确度高，可节省信息验证的时间。如做学术研究会选择正式文献的信息源，确保研究成果的有效性。

（二）调研类信息源

调研类信息源按照信息产生和储存来划分，分为以下几类。

互联网。互联网是信息极为丰富的地方。互联网拥有包括文章、照片、录像、数字、音乐、表格等形式的信息，只要搜索方式得当就可获得所需信息。

传统信息媒介。传统信息媒介样式较多，主要有书籍、报纸、杂志、广播、电视等大众传播工具，作为信息载体，有承载信息量大、内容广泛、分类编辑、覆盖面广的特点。传统信息媒介主要传播重要的信息。

知情人、朋友、客户的意见。这往往是获取信息的重要途径，这些来自他人的意见可以使人们节省搜索时间。

实物、现场派发的宣传资料、广告。这些资源虽然不显眼，但是也包含了一定信息，尤其是针对某个商品的广告，可能是立足于某一个领域的调研。

市场。市场聚集了生产、流通、消费等方方面面的信息，任何人都可以通过市场调查，从中发现自己感兴趣和有价值的信息。

政府部门、社会公共机构。如图书馆、报告会、学术会议、展览会等，都是信息的来源之地，你可以通过政府部门和社会公共机构提供的各种资料，从中了解并获知最新、最权威的信息。

二、 信息获取方法

（一）文献信息检索

文献信息检索是从信息集合中识别和获取所需信息的过程及其所采取的一系列方法和策略。简单说，就是从信息集合中迅速、准确地查找出所需信息的过程和方法。信息集合是指有组织的信息资源整体，可以是馆藏目录、数据库、(印本)检索工具等。信息检索类型分为题名检索、关键词检索、主题词检索、著者检索、机构检索等。

（二）访问法

访问法是收集原始数据最常用的方法，是调查者通过口头或书面方式向被调查者提问以了解相关情况和探讨问题的调查方法。

1. 面谈访问

面谈访问法是调查者根据调查目的要求和事先规定的方法，选取合适的被调查者依照问卷调查提纲进行面对面的直接访问。面谈访问可以分为人员访问、小组座谈、深度访谈。

(1) 人员访问

人员访问是调查者利用规范的调查问卷与被调查者进行一对一的访谈，获得所需要资料的调查方法。根据访问地点的不同分为入户访问和街头拦截访问。

第一，入户访问。入户访问要求访问员按照研究项目规定的抽样方案中的要求，到抽中的家庭或工作单位中进行访问，直接与被调查者接触，获取信息。访问员可利用访问式问卷逐个问题进行询问，并记录下对方回答；或者将自填式问卷交给被调查者，讲明方法后，等对方填写完毕再回来收集问卷。入户访问的优点是灵活、好控制流程、能获得较丰富的资料、调查结果具有准确性；缺点是费用高、访问过程受环境影响大、拒访率较高、对访问人员要求高。

入户访问的程序为：准备调查对象名录—电话预约—同意则约定访问时间和访谈基本内容—准备问题及实物样品，选择并培训访问员—如约前往访问—寒暄之后进入实质问题问答—核对访谈记录，整理结果—访问下一位约定人。在入户访谈时要做好充分的访前准备，注意言谈举止，做好突发状况的预案。

第二，街头拦截访问。街头拦截访问是指在某个场所拦截在场的一些人进行面访调查。这种方法通常用在商业性的消费者意向调查中。优点是效率高、成本低；缺点是拒访率高、样本代表性较差。街头拦截访问有两种方式：一种是现场访问，由经过培训的访问员在事先选定的若干地点，按照一定的程序和要求，选取访问对象进行现场访问；另一种是在中心地或厅堂测试，在事先选定的若干场所内，根据研究的要求，摆放若干供被访问者观察或试用的物品，按照一定的程序，在事先设定的若干场所的附近，拦截访问对象，征得同意后，带到中心地或厅堂内访问。

(2)小组座谈

小组座谈是指采用小型座谈会的形式，挑选一组具有代表性的消费者或客户，在一个有录音录像设备的房间里，在主持人的组织下进行某个专题的讨论，从而获得对有关问题的深入了解的一种调查方式。小组座谈的优点是互动性好、能有效沟通、容易执行；缺点是样本少、受主持人和受访人影响较大。小组座谈的操作流程是：准备好主题、人员、环境—确定主持人—编制讨论指南—撰写报告。

(3)深度访谈

深度访谈是市场调查中最常用的一种定性调查方法，是指调查者对被调查者的一种无结构的、直接的、个人的访问。这种方法的优点是提供更真实的信息，调查者与被调查者有情感上的交流与互动，时间较充足，深入揭示被调查者的感受和动机，是某些情况下获取信息的唯一方法；缺点是成本高、调查进度慢、被拒绝的可能性比较大。要做好深度访谈，访前准备很重要，要明确主题，选择合适的访谈对象，准备好礼物。在访谈过程中访问员的首要任务是获得被访者的合作，访问员面对的是不同层次、不同年龄的被访者，他们一般并不认识访问员，他们往往根据访问员的服饰、发型、性格、年龄、声调、口音等来决定是否采取合作态度。因此，访问员必须保持端正的仪容、用语得体、口齿伶俐、态度谦和礼貌，给人以亲切感，使被访者较易放心地接受访问。可以采用“得寸进尺”(一点一点地给予)和“进尺得寸”(一次性地索取)的技巧，得到被访者认同。

在访问中要注意询问问题的技巧，以便建立融洽的关系。第一个问题应该是简单的问题，并要注意提问技巧；尽量不要问太多的问题，适当发表自己的意见，鼓励被访者多说话；巧妙地使用“沉默”，访问时间一般不超过 2 小时，选择让被访者感到安全舒适的地方进行访谈。当访问过程中需要追问时，可采用勘探性追问，即在被访者已经回答的基础上，进一步挖掘、询问问题的方法，目的在于引出被访者对有关问题的进一步阐述。也可采用明确性追问即澄清，让被访者对已回答的内容做进一步解释，目的在于进一步明确被访者给出的答案。在结束访问时，要避免仓促离开，可以检查一次调查提纲，避免遗漏，同时征求被访问者的意见，表达对被访者的真诚感谢。

2. 电话访问

电话访问是调查者通过电话向被访者提出问题、汇集答案的数据收集方法。电话访问的方式有两种，一种是传统的电话调查，选取一个被调查者的样本，拨通电话，询问问题的同时记录答案。这种方法成本低，流程简单，便于管理，但被拒率高，一般仅限于在当地实施，还要求访问员表达能力好。另一种是计算机辅助电话访问，由计算机产生问卷并按照指令拨号，访问员戴着耳机坐在计算机前，接通后读出屏幕上的题目，并在被访者回答时将答案输入计算机。

电话访问的优点是经济、省时、易于让被访者接受、调查过程易控制。电话访问的缺点是总体不完整，研究者只能选择那些有电话的家庭或者个人进行调查；问题难以深入，只能做内容简单的调查。

电话访问的实施流程是：建立关于目标调查对象的居住地址、电话号码信息库—确认通话过程的监控程序、监控者—接通电话后将自己身份和调研目的介绍给对方—征询对方的合作意愿并鉴别对方是否符合调研对象的特征要求—按调研问卷的统一规定向接受调查的对方提出每项问题—记录谈话过程并在谈话结束后及时整理。

在电话访问时，注意要对被访者进行过滤，问题题目不宜超过 4 项，时间控制在 10 分钟以内。通过对电话访问接通率的统计，一般情况下，17：30—22：30 接通率是最高的，9：00—12：00 接通率是最低的，平均电话接通率为 36. 1% 。

3. 邮寄调查

邮寄调查是调查者将所要提问的问题逐一列在问卷上再通过邮件传送于每位被调查者，由他们将答案写在问卷上后再按规定寄返于调查者，调查者获得所要信息的一种调查方法。

邮寄调查的优点是：费用较低；调查可覆盖的区域广，邮政所达之地，皆可以作为被调查者的选择之地；调查的时间自由；匿名性较好；对调查者的要求较低。缺点是：回收率较低、问卷往返需要较长的时间、缺乏对被调查者的控制。例如，有时被调查者收到问卷之后，自己没有时间或者不愿意回答而找别人替代，这样就会破坏样本的代表性，导致问卷信息失真或报废。

邮寄调查的实施过程是：建立被调查者地址信息库—确定符合本次调研特征要求的被调查者及其地址—将问卷邮寄给每位被调查者—去函询问是否收到寄出的问卷—在约定截止时间前去函提醒—对寄返的问卷进行审核，由此决定是否需要增发问卷。

随着电子邮箱的广泛应用，目前大多采用于电子邮件的形式完成邮寄调查。

4. 留置调查

留置调查，又称自管理式问卷调查，是调查者在商场或住宅等地点将问卷当面交给被调查者，由被调查者根据填写说明自行填写，再由被调查者寄回或调查者定期收回的方法。这种方法的优点是调查问卷回收率较高、时间充裕、不受调查者的影响、调查问卷的填写质量较高。缺点是调查地域范围有限、调查问卷的成本较高、难以了解问卷是否真的由本人填写。

（三）观察法

观察法是根据一定的调研目的、研究提纲或者观察表，用自己的感官和辅助工具深入现场去直接观察被调查对象，记录正在发生的行为或现状，以获取各种原始资料的一种方法。观察调查是一种科学调查，不同于我们平常所说的日常观察。它是有明确目的的、可重复的、系统的、事前有计划的观察。

1. 观察法的分类

按观察者是否参与被观察对象的活动，观察法可分为完全参与观察、不完全参与观察、非参与观察三种。完全参与观察是观察者长期地生活在被观察者的人群之中，开展调查活动，甚至改变自己原有的身份。不完全参与观察是观察者不改变身份，而是以半客半主的身份参与到被观察者的人群中。非参与观察是观察者不参与调查活动，而是以局外人的身份去观察事件发生和发展的情况。

按观察结果的标准化程度，观察法可分为控制观察和无控制观察。控制观察是指观察者在观察调查中根据调查目的预先确定调查范围，以统一的观察手段、程序和技术进行有计划的系统观察，使观察结果达到标准化。无控制观察对观察的目的、程序和步骤不进行严密的规定，也不用标准方法进行记录，这种方法比较灵活，可以获得意想不到的宝贵资料。

按取得资料的时间特征，观察法可分为纵向观察和横向观察。纵向观察是指对某一事项进行不同时期的连续观察，取得一连串的观察记录。对纵向观察资料进行分析研究，观察者能了解调查对象发展变化的过程和规律。横向观察是在某一特定时间内，对与某事项有关的若干调查对象同时进行观察，加以记录。对横向观察资料进行分析研究，观察者能够了解调查对象之间的差异和区别，扩大调查的范围。

2. 观察法的优缺点

观察法的优点是资料真实客观、简便易行、避免误差、成本较低；缺点是不适用大面积观察，对观察者要求高，不可重复，容易只看到表面现象。观察法在市场调研中有较多应用，如观察顾客流量。

（四）实验法

实验法是通过实验收集数据的方法。调查者通过改变一个或几个变量的方式，测量这一个或几个变量对另一个或几个变量的影响。实验法的最大优势在于，通过变量和实验程序的控制，调查者可以更有把握地进行变量之间因果关系的判断。在因果性的调研中，实验法是最正式的一种方法。实验法的优点是可以探索不明确的因果关系，实验结果具有较强的说服力；缺点是费用较高，只适用于对当前的市场现象的影响进行分析，时间较长。实验法按是否设置对比组而分为无对比组实验设计和有对比组实验设计。

实验法的实施流程为：确定采用何种实验方法—确定实验目标变量（即因变量与

实验自变量）—明确实验环境的定义与外延（确定对实验环境的控制方法）—根据调研目的指定实验设计方案—实验方案的实施（完成实验阶段记录、分析）—实验结论提出，决策是否继续实验。

【小案例】

汽车碰撞实验

一般量产车辆在正式上市前，都会去做车辆的碰撞测试，以检测该款车的安全性能。通常一款车一次完整测试要耗损十几辆车，为什么会折损这多车呢？因为同一型号的车需要进行各个角度的碰撞，如正面、顶部、左侧、右侧、后侧，每个角度又要按不同强度来进行碰撞，而且为了确保数据稳定和准确，每辆车撞了之后，就要作废，换另一辆全新的同型号车进行测试。通过这些实验测试，我们可以得到车辆的耐撞性与维修经济指数。维修的成本与保险公司的利益密切相关，维修经济指数对保险公司的精算师进行汽车保险产品的设计是关键信息。车内乘员安全指数可谓是与司乘人员生死攸关的指数，关键时刻的命运往往就在一瞬间改变，所以纵然碰撞实验花费巨大，也被所有国家规定是汽车上市之前的强制实验，通过了才能上市销售。

1. 无对比组的实验设计

无对比组的实验设计是调查者仅设置了实验组，通过对比实验因子投入前后目标变量之间的差异，说明本次实验的效果。无对比组的实验设计流程如图 7-1 所示。

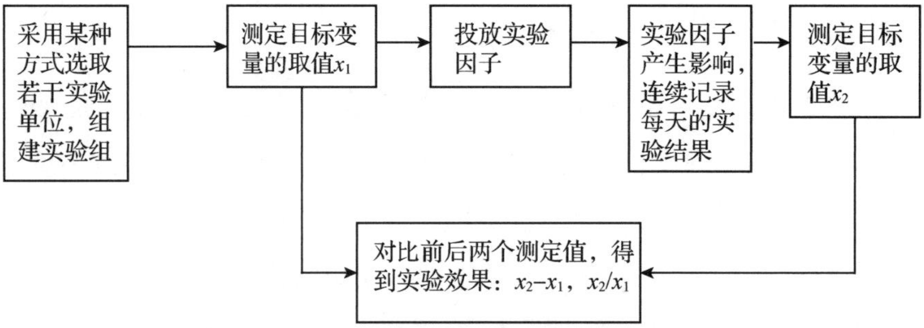

图 7-1　无对比组的实验设计流程

2. 有对比组的事后实验设计

有对比组的事后实验设计是调查者通过授予实验组以实验因子的同时，控制实验因子对对比组的所有可能的影响，最后测定实验组和对比组的目标变量观察值并加以比较，得出实验效果。有对比组的事后实验设计流程如图 7-2 所示。

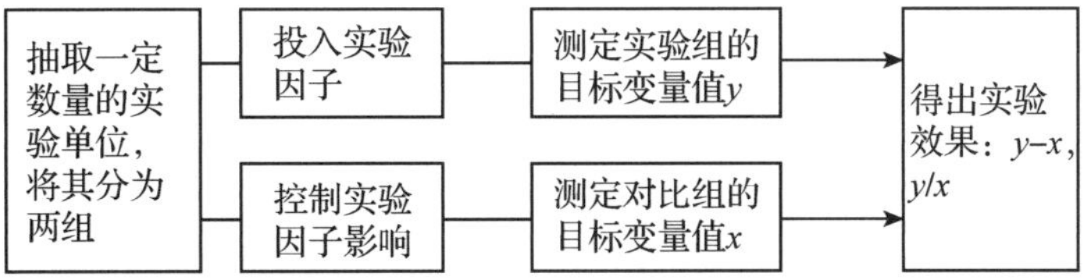

图 7-2　有对比组的事后实验设计流程

3. 有对比组的事前事后实验设计

有对比组的事前事后实验设计也叫标准非正式实验设计，为剔除实验环境变动对实验因变量的影响，就要确定它对实验效果的影响程度究竟有多大，再将它从实验效果中扣除。有对比组的事前事后实验设计流程如图 7-3 所示。

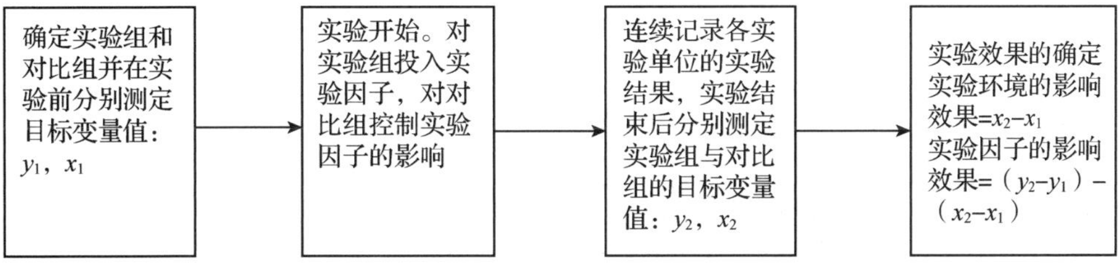

图 7-3　有对比组的事前事后实验设计流程

第三节　信息分析与应用

一、 信息分析的基本方法

（一）定性信息分析

定性信息分析方法是信息分析的基本方法。定性信息分析方法具有推论严密、直感性强等特点。在信息分析中，对于那些不需要、不容易或不能够用定量数据进行分析的研究对象，定性信息分析方法具有无与伦比的优越性。在信息分析中，定性信息分析方法主要应用于这样几种场合：一是为定量信息分析做准备，二是对定量信息分析的结果进行验证或评价，三是在缺乏定量信息分析条件或不需要进行定量信息分析的情况下独立使用。

（二）定量信息分析

定量信息分析是指对研究对象的数量特征、数量关系与数量变化进行分析的方法。它通过设计和建立与原型相似的数学模型，并对之进行分析研究，以达到揭示原型的内在联系和规律的目的。常用的定量信息分析方法有时间序列分析法、回归分析法、层次分析法、聚类分析法、信息模型法等。

（三）半定量信息分析

半定量信息分析是指既包含定性信息分析，又包含定量信息分析的综合信息分析。在半定量信息分析中，定性信息分析把握研究对象的核心与本质，侧重于宏观描述；定量信息分析把握研究对象的规律与内在联系，侧重于微观分析。常用的半定量信息分析方法有德尔菲法、内容分析法、价值链分析法、SWOT 分析法、决策树法等。

二、 职场常用信息处理工具

在职场工作中，信息处理不是单纯的分析信息，而是根据不同的任务场景和目标，决定信息获取路径、分析维度、分析结果应用，从而以最佳框架实现任务目标。思维模型就是对于信息的压缩，是帮助人们理解事物、解决问题的最佳框架。职场中常用处理信息的思维模型有以下几种。

（一）鱼骨分析法

鱼骨分析法，又名因果分析法，是 1953 年日本石川馨提出来的一种把握结果与原因的方便而且有效的方法，又叫石川图，因形状很像鱼骨，也称为鱼骨图。(图 7-4) 它是一种发现问题根本原因的分析方法，是一种透过现象看本质的方法。鱼骨分析法分为问题型、原因型及对策型鱼骨分析。鱼骨图示例如图 7-5 所示。

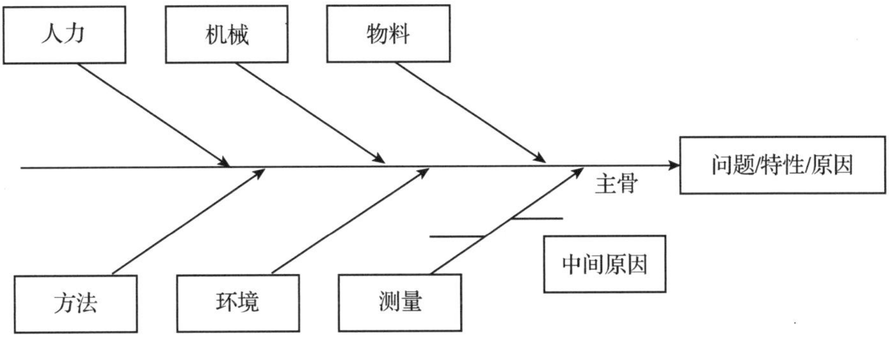

图 7-4　鱼骨图

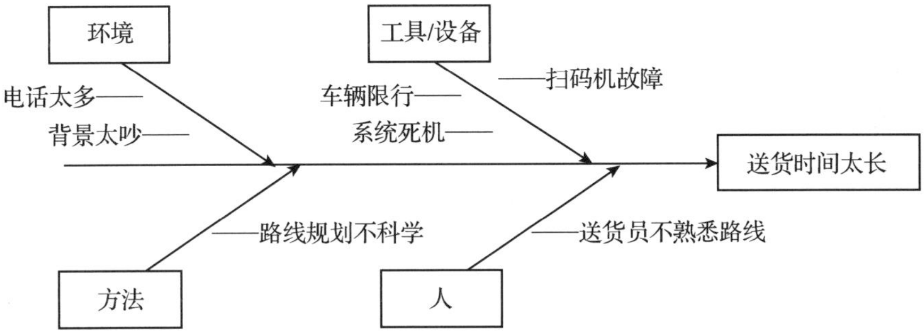

图 7-5　鱼骨图示例

（二）PEST 分析模型

PEST 分析模型又称为大环境分析，是分析宏观环境的有效工具，不仅能够分析外部环境，而且能够识别一切对组织有冲击作用的力量。(图7-6)它是调查组织外部影响因素的方法，其每一个字母代表一个因素，可以分为四大因素：政治因素、经济因素、社会因素、技术因素。

①政治因素：是指对组织经营活动具有实际与潜在影响的政治力量和有关的政策、法律及法规等因素。

②经济因素：是指组织外部的经济结构、产业布局、资源状况、经济发展水平以及未来的经济走势等。

③社会因素：是指组织所在社会中成员的历史发展、文化传统、价值观念、教育水平以及风俗习惯等因素。

④技术因素：技术因素不仅包括那些引起革命性变化的发明，还包括与企业生

产有关的新技术、新工艺、新材料的出现和发展趋势以及应用前景。

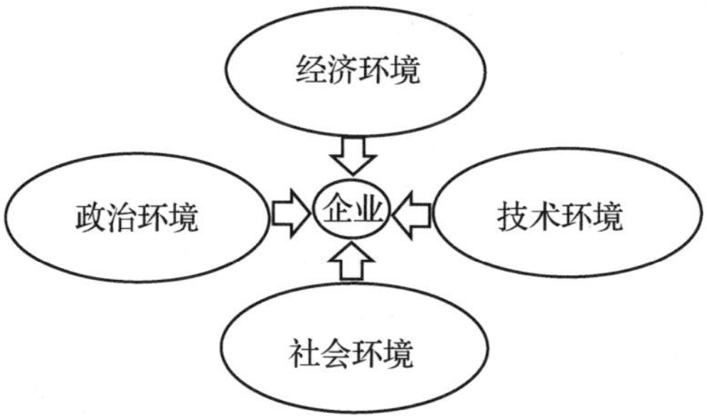

图 7-6　PEST 分析模型

【小案例】

职场新人的思维框架初体验：PEST 分析

张灵是一家企业的新员工，打算采用在网络平台兼职设计 PPT 模板的方式来增加收入，这个决定可行吗？为了回答这个问题，张灵应用 PEST 分析方法对兼职大环境进行了分析。

政治环境：国家鼓励个人创业，在政策上有诸多优惠。

社会环境：人们越来越接受通过网络来完成工作。

经济环境：上半年数据表明，实体经济指数下降，网络经济总量却在上扬。

技术环境：功能完善的细分专业网络平台为兼职者提供了灵活的工作时间及便利的获客渠道。

经过分析得出结论，利用自己的特长，以在网络平台兼职设计 PPT 模板的方式来提升收入是可行的。

（三）波士顿矩阵

波士顿矩阵是由美国管理学家、波士顿咨询公司创始人布鲁斯·亨德森于 1970 年首创。波士顿矩阵认为一般决定产品结构的基本因素有两个：市场引力与企业实力。反映市场引力的综合指标——销售增长率，是决定企业产品结构是否合理的外在因素。市场占有率是决定企业产品结构的内在要素，它直接显示企业竞争实力。销售增长率与市场占有率既相互影响，又互为条件。通过市场引力与企业实力这两个因素相互作用，企业会出现四种不同性质的产品类型，形成不同的产品发展前景。

四种产品类型对应的战略对策如图 7-7。

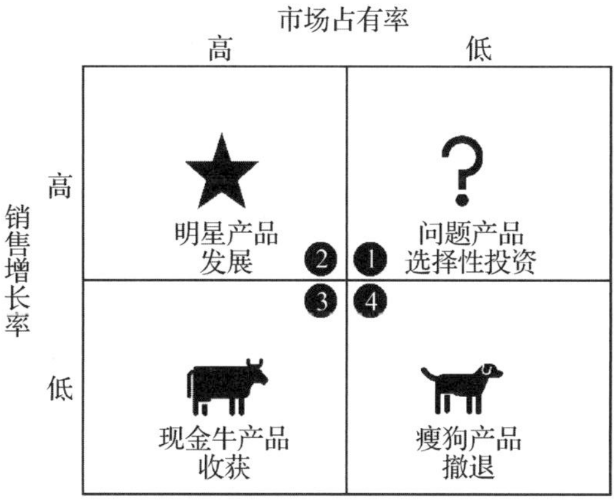

图 7-7 四种产品类型对应的战略对策

象限 1，问题产品：选择性投资战略。

象限 2，明星产品：发展战略。

象限 3，现金牛产品：收获战略。

象限 4，瘦狗产品：撤退战略。

按照产品在象限内的位置以及移动趋势的划分，形成了波士顿矩阵的基本应用法则。

第一法则：成功的月牙环。月牙环指盈利大的产品主要分布在明星产品象限内，小部分分布在问题和现金牛产品象限内，瘦狗象限内没有分布或极少分布。在企业所从事的事业领域内，各种产品的分布若显示月牙环形，这是成功企业的象征。

第二法则：黑球失败法则。如果在现金牛象限内一个产品都没有，或者即使有，其销售收入也几乎接近于零，可用一个大黑球表示。该种状况显示企业没有任何盈利大的产品，说明应当对现有产品结构进行撤退、缩小的战略调整，应考虑向其他事业渗透，开发新的事业。

第三法则：西北方向利好，即指一个企业的产品在四个象限中的分布越是集中于西北角即明星产品象限的方向，则显示该企业的产品结构中明星产品越多，越有发展潜力；相反，产品的分布越是集中在东南角即瘦狗类产品象限，瘦狗类产品数量大，说明该企业产品结构衰退，经营不成功。

第四法则：踊跃移动速度法则。从每个产品的发展过程及趋势看，产品的销售增长率越高，为维持其持续增长所需资金量也相对越高；而市场占有率越大，创造利润的能力也越大，持续时间也相对长一些。按正常趋势，问题产品经明星产品最后进入现金牛产品阶段，标志该产品从纯资金耗费到为企业提供效益的发展过程，这一趋势移动速度的快慢影响到其所能提供的收益的大小。

【小案例】

职场新人的思维框架初体验：业务竞争力分析

张灵在网络平台上兼职进行PPT模板设计的业务已经推进半年了，如何提升业务的竞争力，制定竞争策略，形成自己在这个行业的优势，这个问题可以用波士顿矩阵来分析吗？

张灵的主页显示主要有5种PPT产品：PPT风格模板、PPT定制模板、PPT来稿定制、PPT风格图标、PPT定制图标。根据它们的销售增长率和相对市场占有率数据（这个市场目前进驻的网格平台）分析，这几款产品分别如图7-8示。

明星业务 PPT风格图标 （发展）	问题业务 PPT来稿定制 （选择性投资）
金牛业务 PPT风格模板 PPT定制模板 （收获）	瘦狗业务 PPT定制图标 （撤退）

图7-8 产品类型

从矩阵图示可以分析出，定制化的产品并没有创造相应的价值，标准化的产品反而有更好的业务表现，接下来张灵该如何调整她的产品竞争策略呢？张灵应该把她的资源更多放在风格图标的开发和推广上，有更多风格图标组展示销售，对PPT模板的业务不再投入推广，同一款模板做多平台销售，提高单个产品的销量。对于定制类产品不推广不开发，只接大客户单子。这样张灵对于自己的产品竞争优势就有了相应的策略了。

（四）SWOT分析模型

SWOT是strength（优势）、weakness（劣势）、opportunity（机会）、threat（威胁）四个英文单词的缩写，这个模型主要是通过分析企业内部和外部存在的优势和劣势、机会和威胁来概括企业内部、外部研究结果的一种方法。（表7-1）

优势：比较分析企业在外部市场环境、内部经营方面相对于其他竞争对手的优势。

劣势：比较分析企业在外部市场环境、内部经营方面相对于其他竞争对手的劣势。

机会：分析在目前的市场竞争态势下企业存在的发展机会。

威胁：分析在目前的市场竞争态势下企业存在的威胁和挑战。

表 7-1　SWOT 分析模型

	优势(S)	劣势(W)
机会(O)	SO 战略 突出优势、利用机会	WO 战略 利用机会、克服劣势
威胁(T)	ST 战略 利用优势、回避威胁	WT 战略 克服劣势、回避威胁

【小案例】

职场新人的思维框架初体验：SWOT 分析

张灵希望自己的 PPT 模板设计业务能够持续发展，集中自己的优势资源，及时制订行动计划。她学习了 SWOT 分析方法后，马上针对自己在经营 PPT 业务上的机遇和挑战进行了分析。

优势：小人图标设计为原创产品，风格独特，并以各种职场场景图形为主，风格活泼，但又有商务特点，适应职场新人进行工作汇报，展示自己独特工作风格的需求。一推出即受到欢迎。

劣势：张灵由于本职工作较忙，产品更新较慢。

机会：职场新人对 PPT 的应用图标需求上升，并呈多样化的趋势，为发展小人图标多系列提供了机会。

威胁：标准化设计产品最容易被模仿，如果竞争对手模仿的话，市场份额会受到很大影响。

通过 SWOT 分析，张灵决定在不影响本职工作的前提下，对于兼职设计业务的产品以小人图标为主，通过不断推出符合年轻人审美风格的图标，形成自己的业务核心优势。

三、 信息结果的呈现

人类大脑对于画面信息的偏好，使我们在呈现信息时，要对其进行视觉化再加工。具体表现如下。

（一）抽象概念图片化

抽象概念往往很难理解，如果用图片帮助理解，会让受众建立通感，容易理解与记忆，如用火表达“热情”，用“冰”表达冷静，用“地球”表达全局观，用“树”表达成长等。

（二）数据信息图表化

数据是非常抽象的信息，通过图表转化能让受众直观了解数据的变化和传递的观点。

【小贴士】

SCQOP 结构汇报法

由于人类的大脑更容易接收和记住有画面的信息，因此在传播信息时，案例与故事是“大脑”最喜欢的信息。案例是真实发生的事件，故事可以是虚拟的情节和细节。但无论是真实还是虚构，如何让它们更吸引人？可以按照 SCQOR 结构讲好一个案例或故事。

SCQOR 的含义如下：S（situation）为设定状况；C（complication）为发现问题；Q（question）为确定问题；O（obstacle）为克服障碍；R（resolution）为解决收尾。（图 7-9）

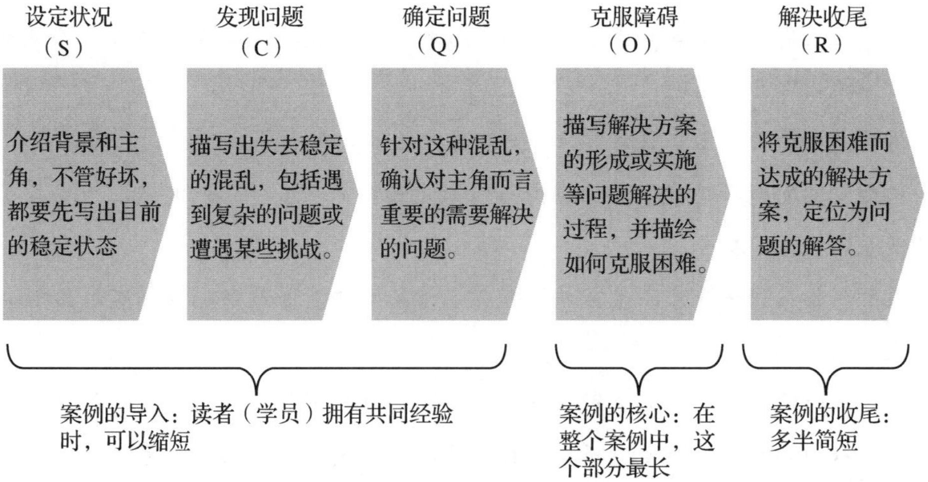

图 7-9　SCQOR 结构汇报法

S：A任职于某成衣厂总公司的财务部门。C：某日，上司试探他是否愿意转调至地方分公司的业务部。Q：A被迫面临做出是否转调的决定。O：他考虑今后的职业生涯规划与家庭状况。R：最后决定接受转调。

【小视频】

PPT的设计与制作

四、 安全使用信息

（一）信息社会责任感

信息社会责任感指信息活动中的人文操守，即能自觉地运用信息解决个人、社会所关心的问题，使信息产生合理的价值，自觉地遵循信息的伦理、道德和法规等。信息技术，特别是网络技术的迅猛发展，给人们的生活、学习和工作方式带来了根本性变革，同时也引出许多新问题，如个人信息隐私权保护、软件知识产权保护、软件使用者权益保护、网络黑客等。信息意识决定一个人是否能够想到用信息和信息技术；信息能力决定能不能把想到的做到、做好；信息中的责任感决定了人们在做的过程中能不能遵守信息道德规范、合乎信息伦理。树立信息社会的责任感就是要求人们要本着维护社会公平、法治文明与和谐合理合法地使用和传播信息。

（二）尊重知识产权

知识产权是一种无形产权，是指自然人或法人，对自然人通过智力劳动所创造的智力成果，依法确认并享有的权利。具有信息素养的人，应了解知识产权的基本知识，合理合法地使用信息。对于具有专利权的技术及具有商标权的商品名称的应用必须特别注意，防止侵权的行为。对于具有著作权的信息的使用，要特别分清适当引用、引用不当、剽窃(抄袭)这三者之间的界限。

我国承认并以法律形式加以保护的主要知识产权与相关法律主要有《中华人民共和国著作权法》《中华人民共和国专利法》《中华人民共和国商标法》《中华人民共和国

反不正当竞争法》《世界版权公约》《伯尔尼公约》等。

（三）尊重隐私权

隐私权作为一种基本人格权，是指公民享有的私人生活安宁与私人信息依法受到保护，不被他人非法骚扰、知悉、利用和公开的一种人格权。一般认为，隐私权的主体只能是自然人。网络隐私权主要是公民在网络中享有的私人生活安宁与私人信息依法受到保护，不被他人非法侵犯、知悉、搜集、复制、公开和利用的一种人格权；也指禁止在网上泄漏某些与个人有关的敏感信息。网络不是法外之地，网络信息也应遵循法律法规。

（四）言论自由的限度

随着互联网的发展，网络成为公众传播信息、表达意见的重要手段，网络自由也成为言论自由的重要组成部分。但是，众所周知，言论自由也不是无限制的和绝对的。为了推动互联网的健康发展，规范网络言论自由的范围，根据互联网的特点，世界各国普遍建立了网络管理制度，过滤和审查有害信息，建立网络言论自由规范。

中国对互联网的管理，主要依据《中华人民共和国宪法》《中华人民共和国未成年人保护法》《全国人民代表大会常务委员会关于维护互联网安全的决定》《中华人民共和国电信条例》《互联网信息服务管理办法》等法律法规。

这些法规明确规定了网络自由的范围，列举了禁止在互联网上制作、复制、发布、传播的9 类信息，主要有：反对宪法所确定的基本原则的信息；危害国家安全，泄露国家秘密，颠覆国家政权，破坏国家统一的信息；损害国家荣誉和利益的信息；煽动民族仇恨、民族歧视，破坏民族团结的信息；破坏国家宗教政策，宣扬邪教和封建迷信的信息；散布谣言，扰乱社会秩序，破坏社会稳定的信息；散布淫秽、色情、赌博、暴力、凶杀、恐怖或者教唆犯罪的信息；侮辱或者诽谤他人，侵害他人合法权益的信息；其他违反法律规定的信息。

（五）信息安全保密意识

信息能创造巨大的价值，知识产权保护信息所有人的权利不被他人侵害，但权利人也要做好信息的安全保护，通过有效的安全保护措施，使信息能做到保密、完整、真实。一般会根据信息的价值大小，进行信息安全保护，如设立防火墙、对信息加密、规定发布范围等。政府部门或企业都会根据组织内部信息的特点，发布相关的信息安全保密制度，入职时这些制度是所有人的必修内容，学习信息安全保密管理的相关规定，严格遵守制度，管理好自己的言行。否则，往往一个不经意的信息泄露，就会给组织带来巨大的损失。

总体来讲，信息意识决定一个人是否能够想到用信息和信息技术；信息能力决定能不能把想到的做到、做好；信息社会责任感决定在做的过程中能不能遵守信息道德规范、合乎信息伦理。信息能力是信息素养的核心和基本内容，信息意识是信息能力的基础和前提，并渗透到信息能力提升的全过程中。人们只有具有强烈的信息意识才能激发信息能力的提高。信息能力的提升，也促进了人们对信息及信息技术作用和价值的认识，进一步增强了应用信息的意识。信息社会责任感是信息意识和信息能力正确应用的保证，它关系到信息社会的稳定和健康发展。

【活动空间】

模拟报告

练习目的：本题目将帮助你练习信息传播思维模型的应用。

练习背景：现在，你是一个50人的技术研发团队的负责人，最近公司准备在研发团队中实施弹性工作制，前期你做了个调研，征求大家的意见，调研结果如表7-2所示。

表7-2　调研结果

上班时间	选择人数百分比
8：00—16：00	54%
10：00—19：00	26%
9：00—17：00	12%
10：00—18：00，中午休息30分钟，减少1小时	8%

根据调研结果，采用麦肯锡七步分析法编写一份调研报告，并对数据进行视觉化处理，然后向全班同学进行模拟汇报。

素养成长小日历

第七章　找信息用信息

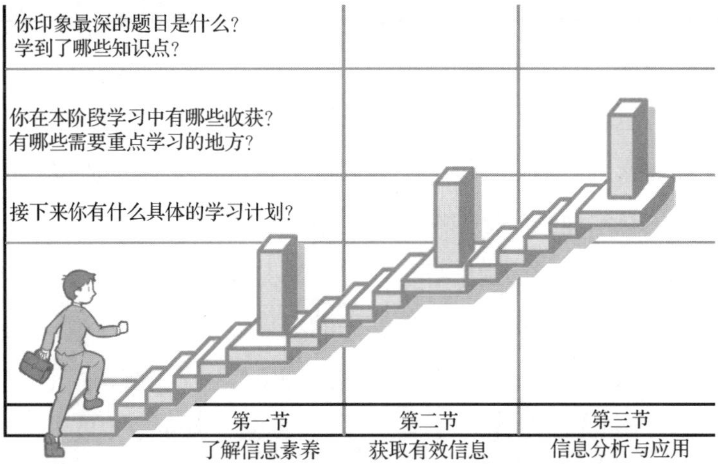

CHAPTER 8

第八章
会合作能执行

CHAPTER 8

【导言】

俗话说："三个臭皮匠，赛过诸葛亮。"我们都知道诸葛亮神机妙算，运筹于帷幄之中，决胜于千里之外，可谓是智者的化身。而三个智谋平平的臭皮匠如何能够胜过"神算子"诸葛亮呢？其根本原因是大家目标一致，团结协作而形成了强大团队力量。想成为一名优秀的职场人，离不开团队，我们要融入团队，培养自己的团队精神，用团队的力量实现 1 +1 >2 的效果。

【学习目标】

1. 知识目标

了解团队构成的基本要素，了解个人、群体与团队之间的关系，熟悉团队的概念，理解团队精神的价值特征。

2. 能力目标

学会准确判断什么是团队精神，在职场中能够克服团队协作障碍，融入团队，找准团队定位，发扬团队精神，依靠团队合作解决问题。

3. 情感目标

通过团队合作能力学习与训练，提升自我认知能力，提高与他人的共情和协作能力，树立集体与团队合作的理念。

【触景生情】

上帝的恩赐

有两个饥饿的人得到了上帝的恩赐：一根鱼竿、一篓鲜活硕大的鱼。其中一个人选择了一篓鱼，另一个人则拿走鱼竿，然后，他们分道扬镳了。选择鱼篓的人，瞬间就把一条鱼吃完了，连鱼带汤吃了个精光；之后他很快又煮了另一条鱼，继续填饱肚子。短短几日过去后，他被人发现饿死在空空的鱼篓旁。至于拿走鱼竿的人，他忍受着饥饿，一步步向海边走去，只是当他好不容易看到大海时，他浑身的最后一点力气也都耗尽了，撒手人寰。

不久之后，又有两个饥饿的人，同样得到了上帝恩赐的一根鱼竿和一篓鱼。他们并没有各奔东西，而是商量一起去寻找大海，并且还约定每餐只煮一条鱼吃，所幸在经过漫长的跋涉后，他们终于顺利抵达了海边。到达海边后，他们开始以捕鱼为生。几年后，他们盖起了房子，不但有了各自的家庭、子女，还有了自己造的渔船，过上了幸福、平安的生活。团队合作就是有这样积极的力量，不但能够让人们事半功倍，而且能够让个人的能力得到充分展现和发挥。

第一节　树立团队意识

古往今来，从一个国家的昌盛、民族的繁荣，到一座城市的建设、企业的壮大和家庭的兴旺，都和团队的努力密不可分。“一个篱笆三个桩，一个好汉三个帮”“一人拾柴火不旺，众人拾柴火焰高”等民间谚语的产生已充分说明了人民大众对团队精神的认可和肯定。

当今社会，分工越来越细致，任何人都不可能独立完成所有工作，个人能实现的仅仅是整体目标的一小部分。越来越多的企业在招聘人才时把团队合作作为一项重要的考察指标。那么究竟什么是团队？企业为什么如此重视团队合作呢？我们又该怎样去培养团队精神呢？

一、 正确理解团队

（一）团队的内涵

“团队”一词，英文名为“team”，直译的意思通常是“小组”，目前该词也往往称为“工作团队”(work team)，即通过其成员的共同努力能够产生积极协同作用的最低层次的组织。

当前，国内外学者已经从不同角度研究了“团队”概念的不同含义，这为我们全方位理解团队的范畴提供了基础。1994 年，美国圣迭戈大学的管理学教授斯蒂芬·罗宾斯认为，团队是一种为了实现某一目标而由相互协作的个体所组成的正式群体。这一定义突出了团队与群体的不同，所有的团队都是群体，但只有正式群体才能是团队。在管理科学和管理实践中，把团队定义为一个组织在特定的可操作范围内，为实现特定目标而建立的相互协作、一致努力的由若干成员组成的共同体。

由此可见，团队是由若干成员组成的一个共同体，该共同体合理利用每一个成员的知识和技能协同工作，通过产生积极的协同作用来解决问题，并达到共同的目标。

（二）团队的构成要素

团队由几个重要的因素构成，管理学家把它们总结为“5P”，分别为目标、人、定位、权力、计划。

1. 目标(purpose)

每个团队都应该有一个既定的目标，这可以为团队成员导航，使其知道要向何处去。没有目标，这个团队就没有存在的价值。

2. 人(people)

人是构成团队最核心的力量，一般来说，三人就可以构成团队。团队目标是通过人员具体实现的，所以人员的选择是团队中非常重要的一个部分。不同的人通过分工来共同完成团队的目标。

3. 定位(place)

团队的定位包含以下两层意思。

一是团队的整体定位，团队在组织中处于什么位置，由谁选择和决定团队的成员，团队最终应对谁负责。

二是团队中个体的定位，作为成员在团队中扮演什么角色，是拟定计划还是具体实施或评估任务等。

4. 权力(power)

团队当中领导人的权力大小跟团队的发展阶段相关。一般来说，团队越成熟领导者所拥有的权力相应越小，在团队发展的初期阶段领导权是相对比较集中的。

5. 计划(plan)

计划的含义有以下两层。

一是目标最终的实现，需要一系列具体的行动方案，因此可以把计划理解成人们为实现目标而采取的具体工作程序。

二是只有在计划的操作下团队才会一步一步地贴近目标，从而最终实现目标。

（三）个人、群体与团队的关系

1. 个人与团队的关系

个人与团队如同鱼和水的关系，是相互依托、不可分割的；团队因为个人而存在，个人因为团队更好地发挥了自己的价值。

2. 群体与团队的关系

团队不同于群体，群体是指为了达到特定的目标，由两个以上的人所组成的相互依存、相互影响的人群结构。群体和团队经常容易被混为一谈，但它们在领导、目标、协作、责任、技能、结果6个方面有明显的差异。

①在领导方面。群体应该有明确的领导人；团队可能就不一样，尤其团队发展到成熟阶段，成员共享决策权。

②在目标方面。群体的目标必须跟组织保持一致，但团队中除了这点之外，还可以产生自己的目标。

③在协作方面。协作性是群体和团队最根本的差异，群体的协作性可能是一般程度的，有些成员消极，有些对立；但团队中是一种齐心协力的气氛。

④在责任方面。群体的领导者要负很大责任，而团队中除了领导者要负责之外，每一个团队的成员都要负责，甚至要一起相互作用，共同负责。

⑤在技能方面。群体成员的技能既可能是相同的，也可能是不相同的；而团队成员的技能却是相互补充的，把不同知识、技能和经验的人综合在一起，形成角色

互补，从而达到整个团队的有效组合。

⑥在结果方面。群体的工作成果是每一个个体的绩效累积而成的；团队的结果或绩效是由大家共同合作完成的。

从群体发展到一个真正的团队需要一个过程，需要一定的时间磨炼。这个过程大体分为三个阶段。

第一阶段，由群体发展到所谓的伪团队，也就是我们所说的假团队。

第二阶段，由假团队发展到潜在的团队，这时已经具备了团队的雏形。

第三阶段，由潜在团队发展为一个真正的团队，它具备了团队的一些基本特征。真正的团队距离高绩效的团队还比较遥远。

【小案例】

栽　树

一天，一个路人看见马路边的空地上有两个人在那里，一个人在前面挖坑，一个人在后面就把坑填平，一直重复着这样的动作。路人很好奇，于是就停下来站在那里看那两个人到底在做什么。可是看了很久也看不出这两个人到底在做什么，于是路人上前去问了，说："请问你们两个人在做什么呀？"那俩人就说了："我们在栽树啊。"路人吃惊地问："奇怪啊？这里都没有树，怎么说是在栽树呢？"那俩人解释说："我们栽树本来是三个人，一个是负责挖坑的，一个是负责放树的，一个是负责培土的，今天负责放树的人生病请假了没有来，但我们又不能不做自己的工作，所以还是一个人挖坑，一个人培土。"

二、 培养团队精神

（一）团队精神的内涵

所谓团队精神是指团队个体为了团队的整体利益和目标而协同合作的大局意识，核心就是协同合作，表现为成员对团队目标的认同，对团队强烈的归属感和团队成员之间紧密合作共为一体的意识。组成了团队并不意味着就拥有团队精神，只有具备团队精神的团队才具有强大的战斗力与竞争力。

【小视频】

认识团队

（二）团队精神的重要性

在市场竞争激烈的今天，企业已经意识到，单打独斗的时代已经过去，光提高员工的个人能力而没有有效的团队合作、生生不息的团队精神，很难维持企业的生命力，团队精神才是企业真正的核心竞争力。

1. 推动团队有效地运作和发展

团队精神是推动团队有效运作和发展的动力。团队精神对团队成员的共同意识具有一种强化作用，进而使团队形成强大的凝聚力量。同时，在团队精神的指引下，团队成员产生了互相关心、互相帮助的良好风气，并自觉地以团队的整体利益为重来约束自己的行为，为团队的发展贡献自己的力量。

2. 规范和约束作用

团队精神能够对团队内个体的行为产生约束和影响，让团队个体逐渐形成自身的行为规范，这种规范也表现出了这个团队的行为风格与准则。

3. 增强凝聚力

强大的凝聚力是团队精神的最高境界。凝聚力是从松散的个人集合走向团队最重要的标志。在这里，有着一个共同的目标并鼓励所有成员为之奋斗固然重要，但是凝聚力，一定是来自团队成员的内心动力，来自共识的价值观。

4. 有助于实现团队目标

团队精神使每个成员的期望值保持高度一致，而这个期望值就是团队的目标，这将有助于团队目标的实现。

5. 提高团队效能

团队精神有利于提高团队整体效能。组织要想获得高的生产率，就必须采用一种能够使大家协作的工作方式，而团队精神可以调动团队成员的所有资源和才智，并进一步节省内耗。

（三）培养团队精神的方法

组建一个优秀团队，需要的因素很多，比如团队领袖的思想谋略，团队成员的心态激情，团队整体的精气神情等。这些因素在团队建设中发挥着重要的作用。

1. 组织者和领导者

作为团队的组织者，第一，要健全一种有效监督和约束机制，营造一种团结干事的工作氛围。第二，消除不必要的工作界限，培养团队成员整体配合的协作精神，形成分工不分家、互相支持和帮助的工作习惯。第三，相信每一位成员，让每位成员都能拥有自我发挥的空间，但要破除个人主义和夜郎自大的傲慢心理，把团队成员的力量，凝聚到同心协力的行动上和荣辱与共的感受上，树立团队集体主义观念。第四，尊重每一位成员，让每一位成员都学会包容、尊重、欣赏其他成员的个别差异性，使全体成员产生团结感，树立共同目标，一致前行。

【小贴士】

破窗效应

美国斯坦福大学心理学家菲利普·津巴多于1969年进行了一项实验，他找来两辆一模一样的汽车，把其中的一辆停在加州帕洛阿尔托的中产阶级社区，而另一辆停在相对杂乱的纽约布朗克斯区。停在布朗克斯的那辆，他把车牌摘掉，把顶棚打开，结果没一会就被偷走了。而放在帕洛阿尔托的那一辆，一个星期也无人理睬。后来，菲利普·津巴多用锤子把那辆车的玻璃敲了个大洞。结果呢，仅仅过了几个小时，车子就遭遇类似的命运。

以这项实验为基础，后来有专家提出了一个“破窗效应”理论，认为：如果有人打坏了一幢建筑物的窗户玻璃，而这扇窗户又得不到及时维修，别人就可能受到某些纵容性的暗示，去打烂更多的窗户。久而久之，这些破窗户就给人造成一种无序的感觉，结果在这种氛围中，犯罪就会滋生。

这个理论带给团队管理的借鉴意义在于，团队管理需要一定的约束力，对于违背规章制度的行为，应该及时制止，否则长期下来会让不良风气滋生和蔓延。

2. 团队成员

团队成员要想培养团队精神必须注重以下能力和品格的培养。

(1)养成良好的团队沟通能力

良好的团队沟通是团队高效协作的基础。通过沟通与表达，团队成员之间对目标会有一致的理解。在协同工作的过程当中，团队成员能够通过沟通与表达最大程度减少因理解不同而导致的冲突与摩擦。良好的团队沟通能力需要团队成员有较强的表达意识，组织者需要基于团队成员的思维特点选择出适合的沟通方式以及信息的表达呈现方式。

(2)培养主动做事的习惯

在竞争激烈的今天，任何一个团队要做大、做强，都需要团队成员能够主动做事。作为团队里的个人，想要在团队里求发展，更要培养自己主动做事的习惯。

【小案例】

买土豆

老板让小王和小张去市场调查一下土豆的价格。小王很快就回来了，向老板报告现在市场上土豆大概1元1斤。一会儿小张回来了，汇报说："前街有四家卖土豆的，1元1斤的有两家，1.2元1斤的有一家，8毛钱1斤的有一家。我分别看了土豆，发现8毛钱的虽然价低质量却很好，是菜农自己种的，他家有车，量大可以免费送货。我要了质量不错的几家摊主的电话，也约定我们随时可以电话沟通，随时实地考察。"两人汇报的结果差距明显，小王仅仅询问了市场价格，而小张不仅询问了市场上的土豆的价格，还主动分析影响价格的因素，以及其他服务的区别。显然，小张知道分析老板要调查土豆价格的原因，然后主动货比三家，联系摊主询问情况，甚至考虑到送货问题。

(3)拥有宽容的心态

在实际工作中，由于员工个别差异及素质参差不齐，培养团队精神总会有一些阻力、问题和困难。原则、感情与共同的利益和目标，是维系一个团队的纽带。团队的合作精神要求团队成员能够在平常之中发现对方的美，要用宽容的胸怀去包容团队成员的缺点，培养自己求同存异的意识与心胸。但组织者也应认识到，团队精神是在原则的基础上产生的，放弃原则，迁就个别，虽然满足了个别人的利益需要，但却起到误导作用，由此必然导致人心涣散，从而失去了团队的凝聚力。

(4)培养全局意识、大局观念

团队精神不反对个性张扬，但个性必须与团队的行动一致，团队成员要有整体意识、全局观念，考虑团队的需要，要互相帮助、互相照顾、互相配合，为集体的目标而共同努力。

(5)协同合作是团队精神的核心

团队的根本功能或作用即在于提高组织整体的业务表现。强化个人的工作标准也好，帮助每一个成员更好地实现成就也好，目的就是为了使团队的工作业绩超过成员个人的业绩，让团队业绩由各部分组成而又大于各部分之和。

精诚团结、相互协作，可以让人们形成强大的团队合力，取得巨大的成功。正因如此，越来越多的个人或组织开始关注团队协作，训练人们的团队协作能力，培养人们的团队协作精神。

第二节　开展团队活动

一、 团队的组织

当今社会是一个抱团打天下的时代，个人的成功，不仅需要个人努力，更需要团队协作力量，依靠众人的智慧，使自己立于不败之地。那么，如何提升团队协作能力呢?

（一）设置团队角色

英国心理学家梅雷迪斯·贝尔宾博士认为团队是由各种角色优势互补形成的统一体，高效的团队工作有赖于默契协作，成功的团队协作可以提高生产力，鼓舞士气，激励创新。团队成员应该清楚其他人所扮演的角色，了解如何相互弥补不足、发挥优势。

1. 分清团队角色

梅雷迪斯·贝尔宾博士将团队角色定义为个体在群体内的行为、贡献以及人际互动的倾向性，分为三类九种团队角色。

(1)第一类，行动导向角色

①鞭策者。

鞭策者是充满干劲、目的明确、自发性强、渴望有所成就的人。通常，他们非常有进取心，性格外向，拥有强大的驱动力和极高的工作热情。他们勇于挑战他人，并且关心最终是否胜利。在行动中如遇困难，他们会积极找出解决办法。他们是顽强又自信的，在面对任何失望和挫折时，他们倾向于显示出强烈的情绪反应；对人际交往不敏感，好争辩，缺少对人际交往的理解。这些特征决定了他们是团队中最具竞争性的角色。

典型特征：愿意接受挑战、好交际、富有激情。

优点：随时愿意挑战传统，厌恶低效率，反对自满和欺骗行为。

缺点：有挑衅嫌疑，做事缺乏耐心。

鞭策者是行动的发起者，敢于面对困难，并义无反顾地加速前进；敢于独自做决定而不介意别人反对。鞭策者是确保团队快速行动的最有效成员。

②执行者。

执行者是实用主义者，有强烈的自我控制力及纪律意识。他们崇尚努力，计划性强，并系统化地解决问题。执行者团队忠诚度较高，是典型的将自身利益与团队紧密相连、较少考虑个人利益和诉求的角色。然而，执行者或许会因缺乏主动而显得一板一眼。

典型特征：有责任感、高效率、守纪律，比较保守。

优点：有组织能力、务实，能把想法转化为实际行动；工作努力，自律。

缺点：缺乏灵活性，可能会阻碍变革。

由于其可靠、高效率及处理具体工作的能力强，因此在团队中作用大；执行者不会根据个人兴趣而是根据团队需要来完成工作。

③完成者。

完成者是坚持不懈、持之以恒、注重细节、追求完美的人。他们喜欢亲力亲为，不太会去做没有把握的事情；他们由内部焦虑所激励，但表面看起来很从容。一般来说，大多数完成者都性格内向，并不太需要外部的激励或推动。他们无法容忍那些态度随意的人。完成者并不喜欢委派他人，而是更偏好自己来完成所有的任务。

典型特征：埋头苦干、守秩序、尽职尽责、易焦虑。

优点：坚持不懈、精益求精。

缺点：容易为小事而焦虑，不愿放手，甚至吹毛求疵。

对于那些重要且要求高度准确性的任务，完成者起着不可估量的作用；在管理方面高标准、严要求，注意准确性，关注细节，坚持不懈。

(2)第二类，社会导向角色

①协调者。

协调者能够引导一群不同技能和个性的人，凝聚团队的力量向着共同的目标努力。他们成熟、自信，办事客观，不带个人偏见。在人际交往中，他们能够很快发现各成员的优势，并且通过知人善用来达成团队目标。虽然协调者并不需是团队中最聪明的成员，但是他们拥有远见卓识，并且能够获得团队成员的尊重。

典型特征：冷静、自信、有控制力。

优点：目标性强，待人公平。

缺点：个人业务能力可能不会太强，比较容易将团队的努力归为己有。

协调者擅长领导一个具有各种技能和个性特征的群体，善于协调各种错综复杂的关系，喜欢平心静气地解决问题。

②凝聚者。

凝聚者擅长人际交往，性格温和，善解人意，并关心他人。他们灵活性强，适应不同环境和人的能力非常强，很容易把自己同化到团队中。凝聚者善于观察，善于交际。作为最佳倾听者的他们通常在团队中倍受欢迎。他们在工作上非常敏感，但是在面对危机时，他们往往优柔寡断。

典型特征：合作性强，性情温和，敏感。

优点：随机应变，善于化解各种矛盾、促进团队合作。

缺点：在危急时刻可能优柔寡断，不太愿意承担压力。

凝聚者善于调和各种人际关系，在冲突环境中其社交和理解能力会成为资本；凝聚者信奉“和为贵”，有他们在的时候，人们能协作得更好，团队士气更高。

③外交家。

外交家是热情外向、行动力强的人，他们都善于和人打交道。他们是谈判的高手，并且善于挖掘新的机遇、发展人际关系。虽然他们并没有很多原创想法，但是对外界环境十分敏感，反应敏捷，一般最早能感受到变化。就像他们的名字一样，他们善于发掘那些可以获得并利用的资源。由于他们性格开朗外向，所以无论到哪里都会受到热烈欢迎。

外交家为人随和，好奇心强，乐于在任何新事物中寻找潜在的可能性。然而，如果没有他人的持续激励，他们的热情会很快消退。

典型特征：外向、热情、好奇、善于交际。

优点：有天分，富有想象力，智慧，博学。

缺点：当初的兴奋感消逝后，容易对工作失去兴趣。

外交家有与人交往和发现新事物的能力，善于迎接挑战。

(3)第三类，思考导向角色

①智多星。

智多星拥有高度的创造力，充当创新者和发明者的角色。他们思路开阔，富有想象力，为团队的发展和完善出谋划策，是“点子型人才”。通常他们更倾向于与其他团队成员保持距离，运用自己的想象力独立完成任务，标新立异。他们对于外界的批判和赞扬反应强烈。他们的想法总是很激进，有时候缺乏实际感。

他们是独立的、聪明的、充满原创思想的，但是他们可能不善于与不同的人交流。他们不喜欢受条条框框约束，不拘小节。

典型特征：有创造力，个人主义，非正统。

优点：有天分，富有想象力，智慧，博学。

缺点：好高骛远，不太关注工作细节和计划，与别人合作本可以得到更好的结果时，却喜欢过分强调自己的观点。

智多星善于提出新想法和开拓新思路，通常在项目刚刚启动或陷入困境时，智多星显得非常重要。

②审议员。

审议员是态度严肃、谨慎理智的人，不会过分热情，也不易情绪化。他们与群体保持一定的距离，三思而后行，做决定较慢。通常他们非常具有批判性思维，善于在考虑周全之后做出明智的决定。具有审议员特征的人所做出的决定，基本上是不会错的。

典型特征：冷静，不易激动，谨慎，判断精确。

优点：冷静，判别能力强。

缺点：缺乏超越他人的能力。

审议员善于分析和评价，善于权衡利弊来选择方案。

③专业师。

专业师是专注的、甘于奉献的人，他们为自己拥有的专业技能和知识而感到自豪。他们专注于维持自己的专业标准以及对专业知识的不断探究，然而由于专业师将大部分注意力都集中在自己的领域，因此他们对其他领域所知甚少。最终，他们成了专一领域里的权威专家，为团队的产品和服务提供专业的支持。专业师在专业领域知道的比其他任何人都多，所以要求别人能服从和支持他。专业师缺乏管理方面的经验。

典型特征：专注力强、乐于钻研。

优点：专业技能强、领域权威、甘于奉献。

缺点：知识领域狭窄，不太愿意接受新鲜事物，管理经验缺乏。

专业师能为团队产品提供专业可靠的技术和服务支持。

2. 准确定位自身角色

在实际的工作中，最难的就是如何认清自身的角色定位。可能会出现高于自己实际可以承担的角色定位；这种情况大多出现在新员工身上，他们对于自身能力的乐观估计与实际的工作难度存在较大的差距。也可能出现低于自己可以实际承担的角色定位；定位过低一般是成员对自己的自信心不足，在完成团队工作的时候畏首畏尾，对交代下来的任务存在为难情绪，认为自己的能力不够胜任工作，甚至拖慢整个团队的进度。角色定位错误，是自己对自己的定位与自己实际应当承担的角色不符导致的。

那如何认清自身的角色定位，保证团队高效高质地完成工作呢？

(1)能力定位

当对自己的角色定位过高时，其实是因为自己没有认清期望的团队位置和实际的工作执行能力之间的差距，最主要的就是客观认识自身的实际工作能力，对自己的实际工作能力做出精准的评估，判断自己的职业倾向和目标岗位的特征是否相符，找出能让自己最大化发挥价值的岗位，最大限度地扮演好自己在团队中的角色。

(2)榜样定位

当我们对自己的角色定位模糊不清时，或是对自己的角色定位过低、信心不足时，找一个“榜样目标”让自己学习和检验是一个非常有效的方法。同样的岗位，当你的工作业绩和你选择的“榜样目标”差距过大的时候，你就要考虑自己是否能胜任这个团队角色了。同样的，当你对自己的工作信心不足时，不如静下心来观摩一下“榜样”是怎么工作的，认真学习他的工作方法，在工作实践中不断地提升自己，通过“追赶他人”度过这段定位过低的“时差阶段”。当角色定位错误的时候，要勇敢地进行自我校正，让自己尽快找到自己的角色定位。

（二）设计团队目标

团队的目标是团队协作的前提，在一个团队中，只有运用战略目标来统一成员行动，才能让团队团结一致，发挥协同作用。

1. 明确团队目标

如果一个团队没有目标，团队成员就没有努力的方向，也就找不到自己的心理归属，这时的团队就如一盘散沙，风起，沙散。因此，团队必须要有明确的目标，并使团队成员认同这一目标，这样才能凝聚团队成员的思想，才能吸引团队成员为之努力奋斗。明确的目标是团队精神的核心动力。

明确团队目标不但能使团队成员团结一致向前看，而且能有效地调动团队成员的主动性，释放团队成员的潜能，使团队精神得到发扬，更能让成员在各自岗位上找到最佳的协作方式，并为实现团队目标而共同奉献。

新员工入职前都要接受岗前培训，新员工从进入公司的第一天就应该明白公司的愿景，这个愿景就是全体职员的共同目标。一个公司是一个大的团体，向着共同的愿景而努力；一个部门也是一个团体，也有自己的共同目标。换句话说，只要是一个团体，就会有共同的目标。一个公司、一个部门、一个小组，都有自己的共同目标。团队级别越小，目标就越具体，相对来说也就比较容易实现。作为团队中的一员，有义务、有责任去明确团队的共同目标，而且，不仅要明确大目标，还要明确小目标。

2. 个人目标融入团队目标

要实现个人目标和团队目标相融合，首先作为个人，要有自己的小目标，但是作为团队成员，更要有共同的目标，共同目标才是团队前进的方向。当个人目标和团队目标不一致时，应根据共同目标自觉修正调整个人目标，把共同目标作为自己树立个人目标的标杆，向共同目标看齐，最终实现个人目标和团队目标的融合。

在处理团队目标和个人目标关系时，有人会错误地认为培育协作能力就是要求团队每个成员都牺牲小我、换取大我，否则就有违团队精神。但一味趋同的结果必然导致团队成员的个性创造和个性发挥被扭曲和湮没，没有个性就意味着没有创造，这样的团队不具备持续创新的能力。其实团队不仅仅是人的集合，更是能力的有机结合。因而，个人目标要充分体现能力特性和职责特性。如果团队中每个人的目标都体现了能力与职责的统一，团队成员目标又能充分有机结合，那么团队目标的实现就指日可待了。

二、 团队活动中的协作

（一）协作与协作能力

1. 什么是协作

协作是指在目标实施过程中，部门与部门之间、个人与个人之间的协调与配合。协作一般包括资源、技术、配合、信息方面的协作。

资源协作。一个部门(或个人)为实现目标需要一定的资源，包括人力、财力、物力等方面。但在目标实施过程中，往往会出现某一部门资源不足的情况，如资金不足、人手不足等。这就需要其他部门从全局观念出发，给予必要的支援，互通有无，互相帮助，为实现共同的目标开展协作。

技术协作。技术协作既包括技术部门为其他部门提供为实现目标所必需的技术资料、技术知识、工艺方法等，也包括部门与部门之间、个人与个人之间进行的技术交流等。

配合协作。一个部门(或个人)目标的实现，总是与其他部门(或个人)的工作有着一定的联系。这种联系也就产生了在实现目标过程中互相配合的问题，如生产车间生产目标的实现，需要供应部门提供足量的原材料，需要人事部门提供足够的劳动力。

信息协作。其实质是在目标实现过程中，部门与部门之间、个人与个人之间及时的信息交流、情报传递。及时掌握信息，才能制定正确的决策，进行有效的实施控制，这是实现目标的重要保证。

2. 什么是协作能力

协作能力是人在交往过程中逐渐形成的一种与周围环境、社会相互适应、相互依存、相互促进、共同发展的本领，是一种综合能力。它是主体从事一切协作活动的心理特征和本质力量，是人的有关品格和素质的体现，是知与行的有机统一。

团队协作能力是在一个团队中，为了实现共同的目标，每个团队成员都最大限度地发挥自己的潜力，在行动上相互配合、协调一致、取长补短；在情感上相互帮助、相互关怀，为了团队共同的利益与目标，而激发出团队整体大于各部分的协同效应，从而逐渐积淀形成的综合素质。

协作精神则指一个群体在共同完成某项任务时，表现出共同努力、分工与协作的精神面貌，团队协作精神反映的是团队成员间相互协作、尽心尽力的态度。

（二）团队协作的必要性

1. 企业发展的需要

在信息爆炸的今天，各种知识、技术不断推陈出新，使得社会劳动分工进一步精细化。然而企业竞争日趋紧张激烈，社会需求越来越多样化，任务目标不断复杂化，单靠个人能力已很难处理各种错综复杂的问题并采取切实高效的行动，如要解决问题或达成目标都需要人们组成团体，共同协作，攻坚克难。团队作为当今最重要的资源组织形式，其核心是团队协作。

2. 培养团队精神的需要

“人心齐，泰山移”这句老话说的就是团队协作的力量。团队协作是团队精神力量的所在，没有团队协作，团队精神就失去了存在的载体和表现的形式。“三只蚂蚁来搬米”之所以能“轻轻抬着进洞里”，正是团结协作的结果，在这一过程中，无疑淋漓尽致地体现了“蚂蚁”的团队意识。个人和集体只有依靠团结的力量，才能把个人的愿望和团队的目标结合起来，发挥集体的协作作用，产生 $1+1>2$ 的效果，让团队精神不再是嘴上说而是成为一种实实在在赢得成功的助推器。

3. 个人职业成功的需要

团队协作的力量帮助个体完善自我，一方面确立人生观、价值观、道德观，适应社会，缩短自己与社会的差距，赢得社会肯定；另一方面增强集体主义观念，增强团队荣誉感，提高团队协作意识与素质。作为个人，在团队中受到团队协作精神的影响，表现出勇往直前、奋力拼搏的精神，在一定程度上丰富和发展个性，使得个体能逐渐超越原本的能力，也正是这种超常的发挥使得个人变得更加优秀。在市场经济条件下，倡导团队协作精神，培养团队协作能力，具有重要的现实意义。

4. 获得美好生活体验的需要

团队协作能够创造良好环境，它能形成良好的社会心理气氛，使个人健康合理的心理需要得到不同程度的满足，从而产生开朗、乐观的情绪，对生活更加热爱，充满信心，提高适应能力，增强竞争信念，激励人们全身心投入到工作中，也使整个社会保持和谐稳定的秩序，从而促进社会发展。

三、 团队活动中的执行

（一）团队执行力

执行力就是贯彻战略意图，完成预定目标的操作能力，是把团队的战略、规划转变成效益的关键。团队执行力是由团队成员的个人能力构成的，只有团队成员个人执行能力强，才会有高效的团队执行力。对个人来说，执行力就是个人能力的一种体现，是个人完成某一目标和任务的能力。如果你没有执行力，就无法证明自己的能力，如果无法证明个人能力，展现个人才华，就无法获得发展的机会，就会被团队淘汰。

对个人来讲，执行力主要包括战略分析能力、标准设定能力、时间划分能力、岗位行动能力、过程控制能力、结果评估能力六个要素。

①战略分析能力，就是把企业的总体战略分拆为具体的工作步骤和类型的能力。

②标准设定能力，就是对每项工作的流程、执行以及结果都设定合适的操作标准和评定标准。

③时间划分能力，就是围绕工作，合理安排自己的时间，这样可以使自己对工作进程有一个好的掌控。

④岗位行动能力，就是对自己的岗位职责有明晰的认识，并且积极地去实施岗位行动，完成岗位任务的能力。

⑤过程控制能力，就是对执行过程进行合理而到位的控制，使执行不出偏差，并在预设的方向上进行。

⑥结果评估能力，就是对自己工作的结果进行评估，正确评价自己的行为，找出其成功和不足之处，做进一步改进，从而提升自己的执行能力。

执行力决定竞争力，一个企业没有执行力就没有竞争力，一个员工没有执行力就会被企业淘汰。执行力不仅是企业和组织的问题，也是企业员工肩负的重任。一个团队的核心竞争力只有在执行当中才可以被培养。

（二）提升团队执行力的方法

1. 细化目标

执行是将目标分解细化并且将目标逐一落实的过程。团队目标通常是复杂的。把一个复杂的目标分解为多个详细的、具体的目标，在执行的时候，就能目标清晰、方向正确，少做无用功，从而提高执行效率。将目标分解细化需要遵循以下几个原则。

①将目标细化到日常工作，使自己每天都有明确的可以达成的目标，从而提高工作效率。

②在设定目标时，还要设定目标完成的时限。仅仅对目标进行分解，而不设定目标完成的时间，容易拖沓，从而影响执行效果，要做到今日事今日毕。

③一步一个脚印地达成目标。我们不仅要细化目标，更要有达成目标的行动。

2. 关注细节

执行力强弱体现在细节上。我们常常面对一些看似琐碎、简单的事情，若在每一个环节连接上、每一个细节处理上不到位，就会导致目标搁浅。只有在细节上追求完美，才能达到工作的最高境界。

【活动空间 1】

请运用团队角色理论组建团队

在一支结构合理的团队中应该有图 8-1 所示的九种角色。领导者可根据各种角色的特征给团队成员定位，让团队成员明白自己的位置在哪里，其他团队成员的角色是怎样的，自己的责任是什么，使团队成员按照自己的定位高质量地完成工作，最终达到高效协作的目的，完成团队目标。

图 8-1　一支结构合理的团队中应该有的九种角色

【活动空间 2】

解手链

活动形式：10 人一组最佳。

活动时间：20 分钟。

活动道具：无。

活动对象：全体人员。

活动目的：

①体会在解决团队问题方面需要哪些步骤。

②提高个人及团队的执行能力。

③培养突破惯性思维、坚持到底的团队精神。

活动规则：

①教师让每组学生站成一个肩并肩面向圆心的圆。

②每一组学生先举起你的右手，去握住与你不相邻的人的右手；再举起你的左手，握住另外一个与你不相邻的人的左手。现在学生面对一个错综复杂的问题，在不松开手的情况下，想办法把这张手链网解开。

③告诉大家一定可以解开，解开的答案会有两种，一种是两个套着的环，另外一种是一个大圈。

④如果大家通过共同努力、团结协作，把这张复杂的手链网解开，就算挑战成功了。

分享讨论：

①你刚开始的感觉怎样？思路是否很混乱？

②当解开了一点以后，你的想法是否发生了变化？

③最后问题得到了解决，你是否很开心？

④在这个过程中，你体会到了什么？

【小视频】

鼓动人心

第三节　解决团队冲突

在团队中，由于成员之间的价值观、社会背景、个性特征等差异，出现协作障碍很正常。深入分析各种障碍并探讨解决的方法，是提升团队协作能力、增强团队力量、铸就团队成功的必由之路。

一、 团队冲突的成因

（一）基于信息的冲突

信息误解与不共享是造成信息冲突的主要原因。团队内的信息包括任务信息和非任务信息。任务信息主要指与完成团队目标相关的全部信息。任务信息不需要全部成员共享，具有一定的指向性。非任务信息指与团队目标不相关的包含团队成员个人情感、意识、情绪等的信息。首先，信息误解尤其是非任务信息造成的团队成员之间的误解，可能会使成员产生情绪和情感的不适。任务信息的误解有可能导致团队活动效率低下。其次，信息不共享使他们在工作中获得的信息量有所差异，团队成员间信息量差异大，会促使团队成员产生被排挤的感觉，造成团队成员间的敌对情绪。

（二）基于价值观的冲突

由于团队成员的成长环境、受教育程度、社会阅历等不同，价值观有所差异也是正常的。价值观本身之间不会产生冲突，但价值观经常会体现在成员执行团队活动的过程中，持有不同价值观的成员为达成同样的目的会采取不同的手段和态度，这就有可能会产生冲突。

（三）基于制度的冲突

团队的运行制度包括团队目标的设定、成员的关系、权责划分等。制度规定了团队成员的行为方式，但也有可能会产生冲突。团队中的权责划分和激励制度是经常造成制度性冲突的两个重要原因。权责划分不公或界限模糊不但会导致成员工作态度不积极，还会导致工作效率低下。激励制度若不合理，则会抑制团队的发展动力，降低团队活力，难以让团队高效高质量地完成任务。

二、激发团队的建设性冲突

（一）冲突的双重性

在传统意义上，冲突对团队是不利的，要么避免冲突，要么化解冲突。20 世纪 40 年代起，人们认为冲突是无法避免的，并且冲突也未必是不利的。当前关于冲突的研究，认为冲突具有正面和反面、建设性和破坏性两种性质。没有冲突的团队较为呆板，对环境变化适应慢和缺乏创新精神；而存在一定水平的冲突，可以促进团队进步，使团队充满活力，因而绩效水平可以大大提高。基于这种认识，管理者的任务不再是防止和消除冲突，而是管理好冲突，减少其不利影响，充分发挥其积极的一面。

团队内部建设性冲突有利于团队的成长。第一，建设性冲突能够激发团队成员的才干和能力，也让团队成员自觉主动地不断提高水平；第二，建设性冲突有利于带动团队工作的创新与改变；第三，建设性冲突能够让团队成员在沟通与交流中对组织问题提供更多的诊断信息，有利于管理者做出准确决策；第四，建设性冲突能够使团队成员统一目标与思想，进而同心协力、步调一致地实现团队目标。那么，如何激发团队的建设性冲突呢？

（二）如何激发建设性冲突

1. 明确冲突的性质

建设性冲突对团队是有利的，而破坏性冲突则是不利的。在处理团队冲突时，必须先明确团队冲突的性质。如果是建设性冲突，要加以引导和利用；如果是破坏性冲突，则需要规避和解决。

两种不同性质的冲突的比较如表 8-1 所示。根据表格我们可以推断冲突的性质。

表 8-1　两种不同性质的冲突的比较

建设性冲突	破坏性冲突
双方都关心团队目标是否能高效实现	个人目标凌驾于团队目标之上
允许不同意见存在并乐于了解	不愿听对方的观点、意见
争论以团队的问题为中心	由问题的争论转为人身攻击
互相交换情报不断增加	互相交换情报不断减少

2. 运用良性竞争提高效率

团队成员之间会有竞争，竞争会带来冲突，但只要这种冲突是建设性的，是可控的，那么这种冲突并不可怕。建设性冲突可以起到预警和激发改良的作用，可以通过不同的观点碰撞让大家开阔思路，充分交换信息，避免群体思维，进而让人们通过对不同意见的权衡斟酌，提高决策的质量。

3. 创造争论的气氛

积极的争论仅限于观点不同，不针对个人，也不存在人身攻击，其唯一目的就是在最短时间内找到最佳解决方案，这样做能够彻底、快速地讨论并解决问题。在团队中，要创造轻松、开放、平等的气氛，让每个成员都有自由发言的空间和权力，并适时抛出具有争论的议题，引导团队成员争论，从而让团队成员更清晰地认识任务目标及实现路径，产生更多创新方案，最终提高团队绩效。

三、 化解团队的破坏性冲突

（一）筑起团队信任

欧阳修说："任人之道，要在不疑。宁可艰于择人，不可轻任而不信。"团队中的信任，是指团队成员相信同事的言行是出于好意，在团队里不必过分小心或相互戒备。

只有当团队成员真正放心地把自己暴露在别人面前时，他们才能完全消除戒心，从而把全部精力集中到工作上，不钩心斗角、尔虞我诈。而团队成员在暴露各自弱点的基础上建立信任非常不容易，因为大多数人在事业和学习过程中已经习惯了相互竞争、彼此戒备。因此，要打造优秀团队，必须摒弃这些几乎成为本能的东西。

1. 团队信任的三个阶段

团队信任的形成有阶段性，包括最初的不信任、中期的有条件信任、最终的无条件信任。例如，一个人刚进入某公司，团队和成员之间未能深入了解，只能依靠规章制度来约束，这处于最初不信任阶段；有条件信任一般形成在开始进一步接触后，通过了解组织文化、团队精神等，只要双方没有出现违约、违纪或令对方失望的行为，双方就会逐渐萌生较为可靠的信任关系；随着团队成员深入接触，团队文化和成员价值观相互磨合，成员之间会有更多的合作机会，双方便开始放下防御和伪装，进入了基于共同价值观的信任阶段，最终达到无条件信任。

2. 赢得他人信任的方法

言必行。说到做到，努力实现你的承诺。不要因为你没有尽到责任而让团队对你失望，破坏团队成员对你的信任。

确保传递信息的准确性和时效性。团队成员可能会因为某个成员传递不可靠信息而产生不信任。如果这种情况经常发生，那么他们在接受其他团队成员提供的信息时就会犹豫再三。

出色地完成所负责的工作。成员趋向于信任那些有能力并能自我管理的人，如果能够高质量地完成项目和任务，成员信任感会大大增加。

对他人表示关心。你会信任一个只顾自己不注重建立团队成员关系、不关心他人的人吗？当然不会。所以你需要适时伸出援手，和成员成为朋友。

同成员一起做决策。如果是团队领导者的角色，你要营造开明且轻松的环境，但决策时要果断和具有创造力，那些明智决策并能解决问题的人总是能赢得成员的信任与依赖。

3. 开展团队信任的活动

个人背景介绍。此活动简单易行，只需团队成员围坐在一起，回答几个关于个人背景的问题。问题的设置不要过于敏感，通过回答这些问题，团队成员可以减少隔阂、增进了解、拉近关系，使彼此更亲密。

成员工作效率讨论。这需要团队成员相互指出工作中需要改进的地方，然后大家一起就每个人所说的进行讨论。讨论对象通常可以从团队主管或领导者开始。虽然这项活动看起来可能有些冒险，容易造成不满，但也可能在短时间内获得许多建设性的、有益的信息。

集体外出实践。这项活动是建立团队信任较为常用的方式和方法。

【小视频】

团队信任

（二）建立团队责任

1. 逃避责任的表现与后果

在团队协作中，逃避责任不仅指成员逃避自身应当承担的职责，也指成员在看到同事的表现或行为有碍集体利益时，不及时给予提醒。这主要是因为指出别人不妥的行为之后，易造成人际关系紧张，或者他们倾向于有意避免不快的谈话。当然，知易行难，即使在成员关系很好的团队中也是如此。往往关系很好的团队成员不愿对彼此负责，因为他们害怕这样会损害良好的人际关系。然而，当团队成员由于逃避责任而导致整体效益下降时，团队矛盾将进一步加深。(表 8-2)

表 8-2　责任承担与逃避表现对比

逃避责任的团队具有的表现	负责任的团队具有的表现
1. 甘于平庸	1. 确保让表现不尽如人意的成员感到压力，使其尽快改进工作
2. 缺乏明确的时间观念	2. 发现潜在问题时毫无顾虑地向同事指出
3. 把责任压在团队领导一个人身上	3. 尊重团队中高标准完成工作的同事
4. 对于团队里工作表现突出的同事心怀怨恨	4. 免除过多绩效管理及改进计划的措施

2. 培养团队责任感的方法

(1)公布工作目标和标准

目标和职责模糊不清是成员承担责任的大敌，即使团队已经就工作计划和行为规范达成共识，也应该公开强调这些共识，以免被大家忽视。公布团队工作目标，明确每位成员应该负责的工作以及大家为取得成功而需要做的事，是使团队成员更易于对彼此负责的好办法。

(2)定期对成果进行简要回顾

利用回顾制度来敦促大家对别人的表现给出反馈。团队成员应定期采用口头或书面方式相互交流，针对同事在既定工作目标和工作任务上的进展做出评价，如果不采取制度约束，完全靠自觉，就会埋下逃避责任的祸根。必要的制度可以督促人们做他们本不愿意去做的事。

(3)团队嘉奖

设立各种团队成果奖，并将对个人表现的奖励转为团队成果奖，以此来培养负责任的风气，使团队不会因个别成员没有尽到责任而丧失斗志、坐等失败。

在培养负责任的习惯之后，当团队责任机制失效时，团队领导还应该担任起仲裁人的角色，必要时出面干预并解决问题，要让所有成员了解，责任是需要所有人来共同承担的。

【小视频】

团队的力量

素养成长小日历

第八章　会合作能执行

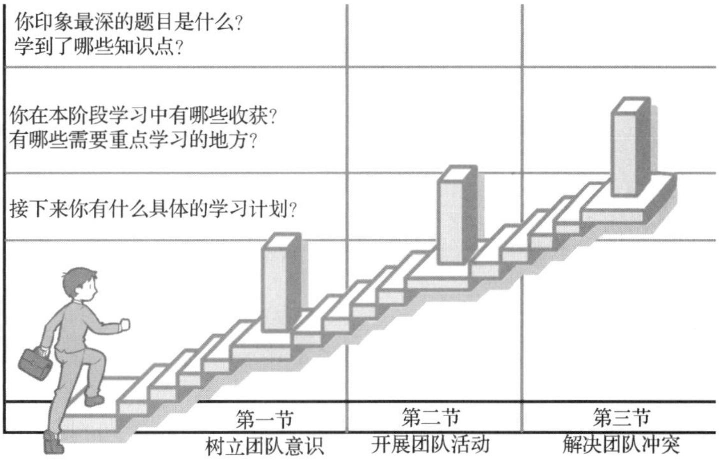

CHAPTER 9

第九章
知礼仪有教养

CHAPTER 9

【导言】

得体的着装助你在职场面试中脱颖而出，优雅的仪态举止能让你价值倍增，措辞礼貌的邮件将给你的客户留下深刻印象。每个人都希望自己成为有教养、有魅力的人，礼仪教养就是帮助我们成为这样的人。礼仪教养是一种素养、一种修为，它是让一个人的美好形象在第一时间展现出来的关键部分，它不仅会使你得到快乐，更会使他人得到快乐，使我们的工作、生活变得更加顺利和美好。

你想成为一个知礼仪有教养的人吗？那么，让我们一起学习礼仪知识，灵活运用礼仪的规范，并将其内化为自己的习惯，提升礼仪修养，去开启一个美丽的人生吧。

【学习目标】

1. 知识目标

理解礼仪的内涵，了解个人形象管理的要点，说出职场中各种场合适宜的礼仪。

2. 能力目标

根据不同的场合运用适宜的礼仪，设计符合自身气质和职场需要的个人形象。

3. 情感目标

通过本章的学习，提升个人形象和气质，提高审美能力，让人际关系更加和谐，对生活中的美有更加深刻的体会和理解。

【触景生情】

空姐的 12 次微笑

飞机起飞前，一位乘客请空姐给他倒一杯水吃药，空姐很有礼貌地说：“先生，为了您的安全，请稍等片刻，等飞机进入平衡飞行后，我会立刻把水给您送过来，好吗?”

15 分钟后，飞机早已进入平衡飞行状态。突然，乘客服务铃急促地响了起来，空姐猛然意识到，她忘记给那位乘客倒水了。空姐小心翼翼地把水送到那位乘客眼前，微笑着说：“先生，实在对不起，由于我的疏忽延误了您吃药的时间，我感到非常抱歉。”乘客很不耐烦地说道：“有你这样服务的吗?”空姐无论怎么解释，这位乘客都不肯原谅她的疏忽。

在接下来的飞行途中，空姐每次去客舱都会特意走到那位乘客面前，面带微笑地询问他是否需要帮助。然而，那位乘客余怒未消，并不理会空姐。

临到目的地前，那位乘客要求空姐把留言本给他送过去，很显然，他要投诉这位空姐。空姐心里很委屈，但是仍然非常有礼貌且面带微笑地说道：“先生，请允许我再次向您表示真诚的歉意，无论您提出什么意见，我都会欣然接受。”那位乘客脸色一紧，开始在本子上写了起来。

等到飞机安全降落，所有乘客陆续离开后，空姐忐忑地打开留言本，却惊奇地发现那位乘客写下的是一封热情洋溢的表扬信。

在信中，空姐读到这样一句话：“在整个过程中，你表现出的真诚的歉意，特别是你的 12 次微笑深深地打动了我，使我最终决定将投诉信写成表扬信！你的服务质量很高，下次如果有机会，我还将乘坐你们这趟航班。”

第一节　领会礼仪之美

礼仪是人类文化的结晶，是社会文明的体现，是世界各民族几千年来共同创造、共同享有的宝贵精神财富。我国素以礼仪之邦著称于世，并因历史悠久且影响深远的礼仪文化为世界所景仰。自上古时期开始，礼就成为中国文化和社会的一个传统，人们已经以审美的眼光来看待礼。古礼以儒学为中心，所提倡礼的内容涉及范围极其广泛，礼之美体现在各个方面，包括典章制度、宗教、法律、伦理风范、生活方式、为人处世等。当历史的车轮走到现代，我国传统古礼在延续中不断得到扬弃和完善，并被赋予了新的时代内涵，礼之美不仅体现在人与人之间的心灵感应、人们对真善美的追求和感悟；而且体现在言谈举止的相互应和、思想感情的交流沟通以及由衷产生关心、爱护、鼓舞的心情等。人们依礼行事，由己及人，由近及远，由凡俗平常到崇高神圣，礼之大美是一种精神境界。现代礼仪已成为中华民族融入多彩世界的纽带，在我国实现中华民族伟大复兴的道路上，继承和发展传统文化，展现内涵更丰富的美。

一、礼仪的含义和原则

礼仪是伴随人类的活动产生和发展的，有着特定的内涵，并且随着时间的推移，其内涵得以不断丰富和发展。

（一）礼仪的含义

礼仪的本义是“敬”，敬神求福的法度、准则和方式。由于礼仪表示的是敬意，并且针对不同对象表示不同程度、不同形式的敬意。因此，礼仪不仅表示了不同对象的不同地位，规定了种种不同关系，而且成了调整、处理不同关系的一种手段。现代礼仪的含义就是从尊重对方出发，调整并处理不同关系的一种约定俗成的形式，是人们进行社会交往的行为规范与准则，具体表现为礼貌、礼节、仪表、仪式等。

礼貌是指人们在交往过程中表示敬重、友好的行为规范，如尊老爱幼、热情待客等。

礼节是指人们在交际活动中待人接物的形式，如拜会、回访、挥手致意等。

仪表是指人的外表，如容貌、服饰、表情、姿态等。

仪式是指在一定场合举行的具有专门程序的活动，如开业典礼、迎送仪式等。

【小案例】

何为礼?

子路问孔子："老师，请问什么是礼啊?"孔子回答说："简单地说，礼就是爱人，礼是出于爱人之心的。"

子路想了想，说："老师，我还是不明白，您能不能说得详细一点?"孔子说："礼，就是要天子爱天下人，诸侯爱自己管辖境内的人，士大夫爱自己的职责，读书人与老百姓爱自己的家人，难道这还不清楚吗?"

子路想了想，又问："您说礼就是爱人，那不就与老师说的'仁者爱人'一样了吗?"孔子拊掌大笑道："本来两个就是一回事！'仁者爱人'说的是人的内在素质，'礼者爱人'说的是人的外在表现，两者是一致的啊!"子路这才点了点头说："我懂了。"

（二）礼仪的原则

礼仪的原则，是指人们处理交往关系时的出发点和应遵从的指导思想。

1. 互尊原则

互尊是礼仪的重要原则。古人云："敬人者，人恒敬之。"只有相互尊重，人与人之间的关系才会融洽和谐。尊重他人意味着承认他人的价值，做到礼遇适当，寒暄热烈，赞美得体，话题投机，让人感到他在你心目中是受欢迎的和有地位的。尊重他人还要拥有一颗宽容的心，不能因为交往对象彼此之间在年龄、性别、种族、文化、教育、身份和财富等方面有所不同而区别对待。

【小案例】

礼贤下士

齐桓公，春秋时齐国国君。齐桓公礼贤下士的事颇多，《新序·杂事》中载，齐桓公听说小臣稷是个贤士，渴望见他一面，与他交谈一番。一天，齐桓公连着三次去见他，小臣稷托故不见。跟随桓公的人就说："主公，您贵为万乘之主，他是个布衣百姓，一天中您来了三次，既然未见他也就算了吧。”齐桓公却颇有耐心地说：“不能这样，贤士傲视爵禄富贵，才能轻视君主，其君主傲视霸主也就会轻视贤士。纵有贤士傲视爵禄，我哪里又敢傲视霸主呢？”这一天，齐桓公接连五次前去拜见，才得以见到小臣稷。

2. 信用原则

信用原则就是在交往中开诚布公、言行一致、言而有信，不矫揉造作、阿谀奉承、虚情假意。在无法帮助别人时，学会说“不”也是一种信用。

【小贴士】

对“真诚”的理解误区

误区一：不管交往对象是谁，一味地倾吐自己所有的肺腑之言。误区二：不管交往对象能否接受，毫无顾忌地排斥，甚至攻击自己不赞同或不喜欢的事物。

3. 体谅原则

从他人的角度出发体谅别人。你希望他人以怎样的方式对你，你就要以怎样的方式去对待他人。多以同理心去看待周边的人和事。

4. 自律原则

自律，就是要克己，慎独。学习与应用礼仪的关键首先是要规范自己的言行，自我要求、自我约束、自我反省。真正领悟礼仪、运用礼仪，关键还要看自律能力。礼仪宛如一面镜子，我们应对照着礼仪要求，检查自己的品质是真诚、高尚，还是丑陋、粗俗。

5. 从俗原则

在日常生活中，由于国情、民族、地域、文化背景等不同，礼仪的要求也不尽相同。当进入不同地域或区域时，我们必须先了解那里的礼仪习俗和行为规范，并按照当地的习俗和规范来约束自己的言行，切勿目中无人、自以为是。

二、 礼仪的特征和规律

随着社会不断向前发展，礼仪也在不断地变更。现代礼仪在时代精神的引领下对传统礼仪进行了改革，并赋予了新的内容，产生或引入了全新的礼仪形式。

（一）现代礼仪的特征

1. 等级性

根据不同社交对象、不同关系、不同社交目的与内容，人们会确定不同的地点、场合、规格，确定不同级别的社交活动，级别越高，礼仪的形式越近于庄重、严肃。

2. 规范性

现代礼仪非常重视个人服饰、言谈、举止以及活动的操作方式、程序安排等，具有较强的规范性。

3. 形式性

现代礼仪活动的方式和形式都有基本的运行模式和程序，不仅注重安排的科学性与实效性，而且十分讲究外在的表现形态，如会见、会谈、访问、宴会、联谊会等。

4. 策略性

策略性表现在对礼仪活动举办的时间、地点和时机的选择上；表现在对不同社交对象采取不同礼仪方式，系统考虑错综复杂的相互关系，充分利用社交对象之间的相互关系等方面。例如，会面礼仪以“适合得体”为策略，个人服饰、言谈举止、行为举止都十分讲究，这种策略性使现代人际交往活动更富于理智和智慧。

（二）现代礼仪的规律

约定俗成律。各种礼仪规范都是人们在社会生活中共同议定、众所习用而形成的。

等级相称律。各种礼仪活动有一定的等级划分，划分的标准与礼仪的主体和客体的等级对应相称。

时空有序律。所有礼仪行为和礼仪活动中的时间顺序、空间顺序都具有相应的意义，这是礼仪主体和客体的等级秩序的体现。

客随主便律。处于客位的礼仪当事人必须遵守处于主位当事人所在地的礼仪规范，这是礼仪民族性和地域性的一个重要表现。

三、 礼仪的作用

人类社会进入经济全球化时代，人们已经认识到人际关系与学识、才能同等重要，礼仪融入工作和生活的方方面面，礼仪是个人成长的需要，是时代发展的需要，也是建设精神文明的需要。

（一）提升教养水平

礼仪反映着一个人的气质风度、阅历见识、道德情操、精神风貌。在这个意义上，礼仪即教养，有道德才能高尚，有教养才能文明。一个人讲究礼仪，会使自己变得心胸豁达、谦虚诚恳、遵守纪律、乐于助人。在礼仪的熏陶下，人们会自觉地提高修养，会主动改正缺点，完善个人形象，使自己成为一个道德高尚的人。因此，通过一个人对礼仪运用的情况，我们可以察知其教养、文明程度和道德水准。

（二）规范交往行为

礼仪是人们交往的行为准则，制约着人们的态度和动机，规范着人们的行为方式，维护着社会的正常秩序，在社会交往中发挥着巨大的作用。在现实生活中，任何人不论身份高低、职位大小、财富多寡，只有他的行为符合礼仪要求，才能被人们认可，反之就会受到否定甚至指责。在人际交往中，以礼相待才能赢得对方的好感与尊重，使彼此的交往产生良好的效果；言语不当，举止失范，就会失礼于人，被对方厌恶和反感。礼仪的学习可以帮助我们规范交往行为，更好地向交往对象表达自己对对方的尊重、敬佩和善意，增进彼此的了解与信任，使人际关系更加和睦，使生活变得更加温馨、和谐。

（三）协调人际关系

礼仪以建立和谐的人际关系为目的，具有协调人际关系的作用。从一定意义上说，礼仪是人际关系和谐发展的调节器。现实生活中人们的关系错综复杂，人与人之间可能突然发生冲突，有人甚至采取极端行为。礼仪有利于让发生冲突的人保持冷静，缓解已经激化的矛盾。一般来说，当人们受到尊重、礼遇、赞同和帮助时会产生吸引心理，形成友谊关系，反之则会产生抵触、反感，甚至憎恶心理。人们自觉主动地遵守礼仪规范，对交往对象表达尊重、敬佩、友好与善意，主动建立和谐、友好合作关系，有利于各项事业的发展。

（四）提升精神文明

讲究礼节礼仪，注重文明礼貌，有利于促进社会主义精神文明建设，提高中华民族的整体素质。礼仪作为衡量社会文明和进步的尺度，代表着人们的社会价值观和生活方式，体现着人们的道德理想和精神追求。遵守礼仪，应用礼仪，有助于净化社会空气，提升个人乃至全社会的精神文明。

四、 礼仪的理解误区

礼仪，对于个人而言是文明与教养的表现，对于人类而言是发展与进步的标志。礼仪的重要性不言而喻，但人们对礼仪的理解往往存在一些认识上的误区，具体表现如下。

误区一，礼仪是一种刻板的规矩。礼仪的发展是与时代同步的。在交往日益频繁的今天，掌握礼仪就好似拿到一张通行证，携带它，人际交往会减少很多纷争。规范的礼仪使得人际交往更加融洽和谐，尊敬的态度、宽容大度的胸怀使对方感觉舒服。因而，礼仪不是一种刻板的规矩，而是跟学识、智慧和能力一样重要的软实力。

误区二，学礼仪的目标是赢得商业合同。这是一种非常功利的想法。尽管礼仪能够帮助我们获得客户的好感，建立和谐顺畅的商业合作关系，然而学习礼仪的终极目标是提升个人修养，成为一个受欢迎的人，同时建立互利互惠的人际关系，赢得他人的尊重和友谊，这种尊重和友谊超越了商业行为本身。

误区三，学礼仪就是练好礼仪动作。比如，鞠躬要弯多少度，握手要停几秒等，这种想法非常片面和狭隘。知礼仪有教养是文明人的表现，是内外兼修、美好形象的体现。如果仅仅停留在练好礼仪动作，那么礼就成了没有灵魂的外在形式。《礼记》中所说的“行修言道，礼之质也”即强调礼的本质在于言和行都要符合传统的礼学；“德辉动于内”“礼发诸外”，强调“德”是“礼”的核心和源泉。因而，仅仅将礼仪流于表面之人并非真正懂礼之人。

【小视频】

因"礼"而美

【活动空间】

漠视礼仪修养，吃亏的是自己

张某决定购买一辆小轿车，在缴纳购车订金后便等待提车通知。一个月后，汽车销售店打来电话，通知他去提车。满心欢喜的张某来到展厅后却不见销售员的踪影，等了半小时后才看见一位睡眼蒙眬、衣衫不整的销售员慢悠悠地向他走来。张某看到这一幕很生气，但他依然有礼貌地问道："你们通知我今天来提车，不知道现在是不是可以办手续了？"

"是的，不过，你先等一下，让我想想把你的单据放在哪里了。"邋里邋遢的销售员懒散地说道。

张某耐心地等待一段时间后，终于可以办理提车手续了。但是这位销售员却在接连不断地打电话，张某不得不充当"旁听者"。整个提车手续办理期间，这位销售员一共接听了八个电话，此时天已经黑了下来。当然，张某的喜悦心情也早已飞到九霄云外，他回到家，立刻拨通了汽车销售公司的投诉电话。第二天，那位衣衫不整、缺乏修养的销售员就卷铺盖走人了。

请思考：

①客户张某为什么要投诉？

②如果你是汽车销售员，遇到这样的情况，应该怎样为客户服务？以小组为单位，进行角色扮演。

第二节　管理个人形象

一、 正确理解个人形象

（一）个人形象的含义

个人形象是指能引起人的思想感情的个人整体形态或姿态。个人形象从广义上讲，包括个人的内在素养(思想、文化、道德等)，个人的行为表现(言语、神情、动作等)，个人的仪表风度(化妆美容、着装打扮等)。狭义的个人形象就是个人整体的仪表风度。个人形象具有三个特性：一是强调个人的内在素质和外显表现；二是强调个人的综合印象；三是强调公众正确评价而得出的综合反映。本节以探讨狭义个人形象为主。

（二）个人形象的定位

个人形象的定位很重要，可从四个方面来考虑。一是按照职业来定位，职业因素决定着自己的形象类型；二是个性定位，即属于自己的个性形象语言，如性格外向、活泼的或深沉的等；三是自身定位，即结合自己的年龄、肤色、长相、气质等自身实际条件，设计符合自身状况的个人形象；四是 TPOR 定位，是根据时间、地点、场合、角色，来确定自己的形象风格。

（三）良好形象的重要性

1. 良好形象是留下良好第一印象的关键

工作、人际交往中，我们常常要与陌生人打交道。如果我们留给对方美好的第一印象，将会对人际交往、事业发展起到积极的促进作用。

心理学研究发现，第一印象产生的时间非常短暂，只有几秒到几十秒。第一印象 55% 来自外貌(长相、仪容、服饰、发型等)，38% 来自举止(仪态、眼神、表情等)，7% 来自语言(说话的内容)。这一印象会对他人的社会知觉产生较强影响，并且在对方头脑中形成主导地位的态势，并可能形成对方难以改变的心理。

2. 良好形象促进人际和谐交往

形象是一种视觉与心灵的感受，它像名片一样，在无言中向他人展示着自我。良好的个人形象不仅是穿着打扮等显现出来的外表美，更是言谈举止等所呈现出来的自信美、气质美，以及待人接物、为人处世等内化出来的品质美、内涵美，是一种内外兼修的美。在人际交往过程中，人们往往通过外表形象来判断一个人的年龄、身份、家庭教养等多种信息，并且相应地决定了对他的态度。一个拥有良好形象的人，无论在内在素质，还是仪表、行为方式等方面都能够彰显他的教养，给人带来如沐春风的感觉，为双方和谐交往奠定基础。

【小贴士】

七大不良习惯

随地吐痰、随手扔垃圾、当众嚼口香糖、当众挖鼻孔、当众挠头皮、在公共场合抖腿、当众打哈欠。

3. 良好形象助力事业成功发展

在职场中，个人形象对于升职、工资待遇等很多方面都有影响。美国得克萨斯州立大学奥斯汀分校对二千五百名律师的调查发现，个人形象有魅力的律师的收入高于其他同事 14% 。美国纽约州立大学对《财富》前一千名首席执行官进行调查，96% 的人认为形象在公司雇佣人等方面起着极其重要的作用。

二、 清爽的面容

（一）发部修饰

“一切从头开始”，打量一个人首先会习惯性地看对方的头发。头发要勤洗勤理，保持干净清洁，不油腻、没有头屑、没有异味。

男士不宜染发(白发染黑除外)。一般男士头发的最佳长度是：前不遮眉，侧不过耳，后不及衣领。美发行业从业者、艺术工作者等要求提倡个性创意的，可以留彰显个性的发型。普通男士头发每月须修剪 1 ~ 2 次。

女士不宜烫夸张的发式，不宜染过于艳丽的颜色。工作场合女性发型可选盘发、束发、齐肩发或短发，合适的发型可以起到修饰脸形的作用。服务行业的窗口岗位工作人员、一线餐饮岗位工作人员，不提倡披肩散发。

（二）男士面容修饰

男士要显得有风度有朝气，外形上首先要保持面容清爽。男士面部保养的基本流程是：洁面、护肤、刮胡子、剪鼻毛和耳部清洁。

1. 洁面

男士须根据自己的肤质来选择洁面乳，清洁面部时，眼部、耳朵、唇部下方、嘴角，都是清洁的重点区域。

2. 护肤

要保持皮肤干净，还要注意保养，尤其经常外出或户外工作，可以使用护肤品来保护皮肤。肤质较干的男士，可以尝试每周贴 1 ~ 2 次面膜来补水。

3. 刮胡子

如果没有特殊的职业需要、宗教信仰或民族习惯，每天刮净胡须是应有的基本习惯。

4. 剪鼻毛

要注意修剪鼻毛。修剪鼻毛应使用专用剪刀，不能直接拔，经常拔鼻毛会对皮肤造成损伤。

5. 耳部清洁

耳孔里不仅有分泌物，还有灰尘，必须经常清洁，如果有耳毛的话，需要修剪。

（三）女士面容修饰

现代职业女性特别是经常与外界接触的女性提倡化淡妆。工作场合化淡妆是尊重他人的一种表现。淡妆讲究的是自然、淡雅、简洁、适度、庄重、避短。标准的淡妆基本步骤是：洁面、护肤、打粉底、修饰眉形、修饰眼睛、刷腮红、涂口红。

1. 洁面与护肤

洁面是美化脸部的第一步，也是化妆的第一步。选择适合的洁面乳，洗脸时手在面部进行上弧度按摩，这样可以彻底清除脸上附着的灰尘，然后拍上适量的柔肤水或紧肤水，涂上眼霜和面部精华液，再抹上护肤乳液或霜，以防止肌肤干燥起皮。

面部皮肤的保养对于女士很重要，建议女士每周使用 1 ~ 2 次面膜，有效滋养面部肌肤。

2. 打粉底

选择粉底要考虑颜色和质感，最好选择与皮肤颜色相协调且质地较好的品牌，也可以选择比自身肤色亮一度的 BB 霜、CC 霜、粉底液等。粉底涂抹要均匀，要注意脸部和颈部颜色的过渡与协调。

3. 修饰眉形

眉毛是平衡脸形最关键的部位，眉毛颜色不要太浓，用眉粉或眉笔淡淡描出形状。

4. 修饰眼睛

涂眼影可以修饰眼睛，眼影颜色的选择要与服饰颜色相协调。涂抹眼影要把握好眼睛弧度和眉骨凹凸位置，细致地把色彩涂在眼皮上。首先从眼角刷到眼窝，再反手往前往上刷匀整个眼睑。接着，沿着眼睛弧度，在眼皮皱褶弧线部位内，以同样的方式刷上适中的眼影色彩。最后，在眉骨处再次刷上淡色眼影，眼睛下方可以加点亮色粉彩，这样不仅使整个眼妆更加立体，也让眼珠看起来更加明亮。

工作淡妆，一般不用假睫毛，可以画上眼线，使眼睛变得更加有神。用睫毛夹定型睫毛。涂睫毛膏时先横着涂，增加睫毛的浓密度，然后再拉长。

5. 刷腮红

腮红一般刷在笑肌的位置上。我们可用刷腮红来修正脸形，使脸形在视觉效果上更加完美。(图 9-1)

标准脸	长形脸	圆形脸
可在笑肌位置用刷子由外往内以打圆方式刷上腮红	由鬓角、颧骨往鼻头方向直刷	由上往下尽量刷长，弧度加大，以拉升脸形

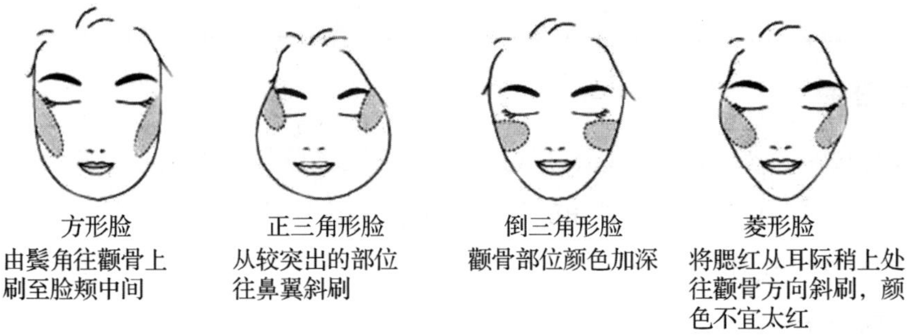

图 9-1　不同脸形刷腮红方法

6. 涂口红

选择颜色适当的唇彩或唇蜜涂在唇部，工作场合不宜涂得过浓。

【小贴士】

化妆的礼规

勿当众化妆，勿在异性面前化妆，勿使化妆妨碍于人，勿使妆面出现残缺，勿借用他人化妆品，勿评论他人的妆容。

三、 得体的服饰

着装体现了一个人在社会中扮演的角色以及从事的社会活动等重要信息。一般来说，服饰装扮应与个人身材、体形、脸形、肤色、年龄、性格等条件协调，扬长避短，彰显美感。职场人士的着装讲究符合身份，庄重、得体。要想让服饰为形象加分，应做到着装的“五应”原则和配饰的“三遵循”原则。

（一）着装“五应”原则

1. 应时

应时有两层含义，一是着装要与时代相吻合，二是着装要与具体的时间相吻合，不能脱离四季“乱穿衣”。

2. 应景

所谓应景，是指要尽量使着装与所面临的环境保持和谐一致，绝不可以我行我素，使自己的着装同所处的环境格格不入或反差过大。

3. 应事

所谓应事，是要求着装应与所办理的公事相配合、相呼应。例如，参加会议、庆典、盛宴、谈判等庄严、隆重的活动时，着装应力求庄重、高雅、大方。

【小贴士】

不同场合的着装要求

公务场合。着装要求：庄重、理性。着装选择：西装、套装、制服。忌穿社交装、假日休闲装。

社交场合。着装要求：新颖、典雅、时尚、个性。着装选择：礼服、时装、民族服装。忌穿各类制服。

休闲场合(非正式场合)。着装要求：轻松、随意、舒适、自然。着装选择：休闲装、牛仔装、运动装等便装。忌穿制服、睡衣等。

4. 应己

所谓应己，是指着装必须做到量体裁衣，因人而异，扬长避短，充分地展示自己的最佳形象。具体地讲，就是注意性别、年龄、肤色、形体四大问题。

5. 应制

所谓应制，是要求着装必须合乎服装自身的规律，做到制度化、系列化、标准化。

制度化。代表单位形象执行公务时的着装，应在制度上有所规定，这就是着装的制度化。

系列化。系列化是指着装时，衣、裤、帽、鞋、袜、包等要相互呼应，搭配协调。例如，穿西装时，应穿深色袜子和黑色皮鞋，不宜穿白色袜子或布鞋、旅游鞋等。

标准化。标准化是指着装时，要按照各种服装的穿着标准来着装，切不可随意“发明”穿着方法。例如，在穿中山装时，基本的要求是系上全部衣扣。

另外，在着装“五应”原则上还要做到忌艳、忌露、忌透、忌短、忌紧的“五忌”原则。

【小贴士】

女性服饰禁忌

①服装过紧、过短或者暴露过多肌肤。

②穿着系扣外衣时可从纽扣间的缝隙看到肌肤或内衣。

③深色外套上散落斑斑点点的头屑。

④身上戴的珠宝不时发出叮叮当当的响声，让人感到烦躁。

⑤在白天穿着适合参加晚上社交活动的服装。

⑥休闲时穿着高跟鞋，或用过于张扬或过高的高跟鞋搭配休闲装。

（二）配饰“三遵循”原则

配饰“三遵循”原则主要是指人们在佩戴饰品时，对整体着装进行点缀和修饰的原则。具体讲，应遵循以下三个原则。

既少又精。配饰讲究少而精，宁少勿多。一般情况下，佩戴饰品不应超过三种，每个品种不应多于两件，而且各个品种的饰品在色彩、质地上应当尽量和谐一致。饰品和服装越协调，越能体现着装者的品位。

注重修饰。要充分发挥饰品的修饰性，注重扬长避短。例如，脸形偏短的女士，可选择款式稍长的耳环来“拉长”面部，给人以整体和谐的感觉，而脸形偏长的女士，则可以选择耳钉之类的饰物等。

符合身份。饰品的质地、价格要符合佩戴者的身份。一个小女生佩戴很名贵的饰品和一个成熟的职场女士佩戴很低档的饰品同样都是不可取的。

（三）服饰穿搭小技巧

1. 色彩搭配要协调

同色搭配。根据色彩明暗度的不同来搭配，把同一色系的颜色按深浅不同进行搭配，创造一种和谐的美感。这种搭配要求服装上深下浅、外深内浅或者相反。但要注意的是，深浅颜色的衔接要过渡自然，同时颜色不能太接近。

呼应配色。整套服装的色彩或者上下呼应，或者内外呼应，或上下内外呼应。比如，上衣是黑底红花的毛衫，选择黑裙子、黑皮鞋等搭配，就能上下呼应，给人以美感。

对比色搭配。对比色搭配要求颜色一定要在明度和纯度上有所不同，才能既鲜明又不刺眼。而且色彩对比强烈的服装需采用衔接配色的方法，比如，上穿黄色的衬衣，下穿黑色的裤子，中间系一条白色或金色的皮带，这样的搭配能产生美的效果。

运用流行色。人们有时会对某种颜色产生偏爱，使其迅速流行起来。由于流行色适应了人们的审美心理，所以往往会引人注目或喜爱。当然，一定要根据自己的体形和肤色情况来选择流行色，不能盲目追随潮流。

点缀配色。全身上下统一为某种颜色，然后在一些重要部位，比如胸部、领部、腰部等，用与全身色彩相协调的某一颜色的饰物进行点缀。例如，穿一身黑色套裙，系一条红色丝巾，就能起到画龙点睛的作用。当然点缀不宜多，多则乱，会冲淡整体效果。

无论哪一种搭配方法，都应该注意协调，协调是整体美的要素，协调会增添服饰美的魅力。

2. 根据体形选择服装

身材高大：上衣可适当加长以弱化形体过高的感觉，切忌穿太短的上装。服装款式不能太复杂。服装色彩宜选择深色、单色为好，太亮太浅太花都不适宜，有一种夸张感。

身材较矮：穿着上下一致色彩的服装可以给人修长的感觉。上衣不要太长太宽，裤子不能太短太大。服装颜色宜稍淡、明快，服装款式宜简洁，切勿穿横条纹服装。V 形无领外套比圆领外套更能营造修长之感。

体形较胖：不穿太短或太紧身的，以宽松为好，领形可选择低领的“一”字形，在颜色上以中性色、冷色调为好，过于鲜艳的色彩比较显胖。切忌穿横条纹、大格子或太花的衣服。

体形偏瘦：尽量穿的丰满点，不穿太紧身的衣服，服装色彩尽量明亮柔和。太深、太暗的色彩会使人显得更加瘦小。

四、 优雅的仪态

仪态是指人在行为中所表现的各种姿态，包括站姿、坐姿、走姿、蹲姿、表情等。仪态在人际交往中起着特殊的作用。优雅的仪态使人看上去既有教养又充满自信，给人一种风度翩翩、彬彬有礼的印象。

（一）挺拔的站姿

1. 站姿的基本要领

站姿的具体要领是：身体站正、挺胸收腹、腰脊挺直，两肩自然打开下沉；头要摆正，双目平视，面带微笑，微收下颌，这是一种谦逊而且亲切的姿态；双臂自然下垂，两腿尽量并拢，两腿关节与髋关节舒展伸直，身体重心放在两腿之间，肌肉略有收缩感。站立是最常用的一种姿态，站姿应该端正、自然、亲切、稳重。要想站得挺拔且有气质，需要经过训练和练习。

2. 站姿的注意事项

①不能倚靠在柱子、墙壁或是桌子旁。

②任何时候女性都不能双腿分开站立。

③在站立的过程中不能抖动双腿或晃动上体。

④站立时减少不必要的小动作(如摆弄衣角、抚摸发梢)，双手不要叉腰或抱在胸前等。

⑤站立的时候不能驼背含胸。

（二）端庄的坐姿

1. 坐姿的基本要领

正确的坐姿应该腰背挺直，肩放松。女性应两膝并拢；男性膝部可分开一些，但不要过大，一般不超过肩宽。双手自然放在膝盖上或椅子扶手上。在正式场合，入座要轻柔和缓，起座要端庄稳重，不可猛起猛坐，弄得桌椅乱响，造成尴尬气氛。不论何种坐姿，上身要保持端正，如古人所言的“坐如钟”。若能坚持这一点，那么不管怎样变换身体的姿态，都会优美、自然。端庄优美的坐姿，会给人以文雅、稳重、自然大方的美感。那些过分强调动作美的坐姿，反而会使交谈对象有距离感。

2. 坐姿的注意事项

①坐在椅子上时，切忌前俯、后仰、瘫坐，转动或移动椅子的位置。

②正式场合尽量不要叠腿，更不要采用“4”字形的叠腿方式。

③坐下之后，切忌脚尖朝天，或大幅度叉开双腿，或将双腿伸得老远。

④不得将脚藏在座椅下面或用脚勾住椅子的腿，更不得摇腿、抖脚。

⑤坐下后不能双手抱于头后或将头向后仰靠，不能将双手夹于大腿之间。

⑥就座后不能两手叉腰、两臂交叉在胸前或摊开在桌子上，不能摆弄手指或茶杯，不能做各种小动作。

【小案例】

被抖掉的生意

老王是某大型外贸企业的董事长。近来他想在深圳洽谈一项合资业务，于是找到一家前景不错的公司。与对方约好了洽谈时间与地点后，他带着秘书如期而至，经过近半小时的洽谈之后，老王做出了这样的决定：不和这家公司合作。为什么还没有深入洽谈，老王就放弃和该公司合作？秘书觉得很困惑，老王回答说："对方很有诚意，但是和我谈判时，他不时地抖动双腿。"

在参加会议、业务洽谈时，要非常注意自己的坐姿。端庄优美的坐姿，不仅可以展示一个人的行为美和姿态美，而且可以给人有教养、庄重、值得信任的感觉。

（三）轻盈的走姿

1. 走姿的基本要领

走路时目光平视，头正颈直，挺胸收腹，两臂自然下垂前后摆动，前摆向里约35度，后摆向后约15度，上身要保持平稳，双手要和谐摆动。行走时身体重心略向前倾，重心落在行进于前边的脚掌上，腹部和臀部要向内提，由大腿带动小腿向前迈进，脚跟先接触地面，脚跟着地后将身体重心立刻前移至前脚掌，在行进中使身体的重心不断前移，而不能把重心不断地后坠在脚跟上。行走轨迹为一条直线。女士的步幅约为30厘米，男士的步幅约为40厘米。

2. 走姿的忌讳事项

①边行走，边吃喝。

②走路呈内八字或外八字。

③行走时低头看脚尖，显得不自信或心事重重，给人萎靡不振的感觉。

④拖脚走，显得未老先衰，暮气沉沉。

⑤跳着走，给人心浮气躁的感觉。

⑥摇头晃脑，晃臂扭腰，左顾右盼，瞻前顾后。

⑦走路时大半个身子前倾，动作不美，有损健康。

⑧行走时尾随于他人身后，甚至对其窥视、指指点点。

⑨行走速度过快或过慢，以致对周围人造成不良影响。

⑩行走时与他人勾肩搭背，搂搂抱抱。

（四）文明的蹲姿

1. 蹲姿的基本要领

高低式蹲姿，这种蹲姿的特征是双膝一高一低，选用这种蹲姿既方便又优雅。下蹲时一脚在前，一脚在后，两腿向下蹲，前脚全着地，小腿基本垂直于地面，后脚脚跟提起，脚尖着地。女性应靠紧双腿，男性则可适度的将其分开。臀部向下，基本上以后腿支撑身体。

2. 蹲姿的注意事项

①下蹲的时候，切勿速度过快，并注意与他人保持一定距离，避免彼此迎头相撞。

②在他人身边下蹲时，最好与之侧身相向。正面面对他人或是背部对着他人蹲下是不礼貌的。

③在大庭广众之下下蹲时，身着裙装的女性一定要避免暴露个人隐私。

④蹲姿是在特殊情况下的姿势，不可随意乱用。另外，不可蹲在椅子上，也不可蹲着休息。

（五）尊重的目光

1. 眼神的运用

见面时，不论是熟悉的人还是初次见面的人，不论是偶然见面还是约定见面，眼睛要正视对方片刻，面带微笑。对初次见面的人，还应微微点头，行注目礼，表示尊敬和礼貌。

在集体场合，开始发言时，要用目光扫视全场，表示“我要开始了，请注意”。

在与人交谈时，应当不断通过目光与对方交流，调整交谈的气氛。交谈中，应始终保持目光的接触，表示对话题很感兴趣。但应当注意交流中的注视，不是紧紧盯住对方的眼睛，这种逼视的目光是失礼的，也会使对方感到尴尬。交谈结束时，目光要抬起，表示谈话的结束。道别时，仍注视对方的眼睛，面部表现出惜别的表情。

正确运用目光语言的同时，还应当学会“阅读”对方的目光语言。从对方的目光变化中，分析他的内心活动和意向。随着交谈内容的变化，目光和表情和谐统一，表示很感兴趣、谈兴正浓。对方的目光长时间地终止接触或游移不定，表示对交谈不感兴趣，交谈应当尽快结束。交谈中目光偏斜，表示鄙夷；目光紧盯，表示疑虑；偷眼相觑，表示窘迫；瞪大眼睛，表示吃惊等。目光语言是千变万化的，但都是内心情感的流露。学会阅读并分析目光语言，对于社交活动的进行有着重要的意义。

2. 眼神的礼仪规范

①接触时间。与人交谈，视线接触对方脸部的时间应该占全部谈话时间的30% ~60%，超过60%被看作是对谈话者本人比谈话内容更感兴趣，低于30%则说明对谈话者和谈话内容都不感兴趣，因此要把握好这一时间。长时间凝视对方会被认为是对私人空间或势力范围的侵犯，是不礼貌和挑衅的行为；完全不看对方，则是傲慢无礼的表现，或者试图掩饰什么，如害怕、慌张等。

②停留部位。从视线停留的部位可以反映出三种人际关系状态：一是视线停留在两眼与胸部的三角形区域，多用于朋友间的交谈；二是视线停留在双眼和嘴部之间的三角形区域，是社交场合常见的视线交流位置；三是视线停留在对方前额的一个假定的三角形区域，视线停留在这一区域，能制造紧张气氛，会使对方感觉到你有正事要谈。

③眼神变化。眼神变化能够准确地传递某种信息。不同的视觉方向会表达不同的含义，如仰视表思索、俯视表忧伤、正视表庄重、斜视表蔑视等。此外，眼神的变化要与有声语言有机地结合在一起。

五官中，眼睛最能有效地表情达意。在社交活动中，眼神运用要符合一定的礼仪规范，否则很容易被人视为无礼，给人留下坏印象。

【小贴士】

社交场合忌讳的五种目光

①盯视。②眯眼看人。③东瞟西看。④轻易让情感从眼光中流露出来。⑤咄咄逼人的眼光。

（六）真诚的微笑

微笑是一种令人愉快的面部表情，能有效地缩短人与人之间的心理距离，给对方留下良好的印象，从而形成融洽的交往氛围。

因此，有人把笑容比作人际交往的润滑剂。那么，如何做到时时微笑呢？

①充满自信。面带微笑，表明对自己的能力有信心。

②保持心情愉快。心情愉快才会自然地面带微笑。

③亲和友善。亲和友善者会自然流露出微笑。

④微笑要发自内心。微笑自然，不宜太夸张。防止生硬、虚伪、笑不由衷。

⑤保证充足的睡眠。睡眠好才能以良好的精神状态对待他人，才能向他人展示笑容。

⑥练习微笑。将普通话中的“衣”“甜”“前”等反复读几遍，这些字所形成的口型正好是微笑的最佳口型。每天面对镜子练习，直到满意并习惯为止。

【活动空间】

1. 情景模拟

燕妮是某服饰公司销售部的新人，明天上午她将要第一次单独拜访客户，所以下班后一直在思考明天穿什么样的衣服去拜访客户。为了慎重起见，她打电话给自己的同学孙琳与她商讨这个问题。

①每组3个人，其中1人扮演燕妮，1人扮演孙琳，1人进行监督和评价。每个人都要轮流扮演燕妮。

②抽签确定展示小组，全体同学对展示小组的演练进行评论。

2. 仪态举止“现场秀”

①每组5~6人，选定1人当组长。

②自行设定场景，由组长带领组员进行站姿、坐姿、走姿、蹲姿的演练。用时10分钟。

③按顺序上台表演，每组限时3分钟。各组可派出代表进行表演，也可由全组成员进行表演。

第三节　职场工作礼仪

一、职场语言礼仪

语言是最基本的沟通工具。职场语言因其特定的工作场景而具有规范化和大众化的特点，运用职场语言礼仪是建立良好人际关系的关键。

（一）养成打招呼的习惯

进入职场第一件事就是要学会打招呼。比如，在公司走廊上，向迎面而来的同事点头道声“你好”，一句简单的话会给同事留下自信、热情的印象。打招呼是联络彼此感情、沟通心灵的主要方式，是职场最基本的礼仪。

（二）使用规范化的职场语言

在职场中，人们年龄不同，在语言习惯上会存在差异。为了减少误会，我们应尽可能地使用规范化的职场语言。

1. 常用问候语、祝贺语及告别语

(1)问候语

较为常见的问候语有：“早上好”“下午好”“晚上好”“您好”“很高兴认识您”“请多指教”“请多关照”等。

与人初次见面寒暄，最标准的说法是：“您好”“很高兴能认识您”“见到您非常荣幸”。比较文雅一些的可以说：“久仰”“幸会”“早听说过您的大名”“我早就拜读过您的大作”等。

与熟人寒暄可显得亲切、具体些，比如，“最近忙什么”“身体怎么样”“家人都好吧”“好久没见了”“您气色不错”等。

问候语不一定具有实质性内容，可长可短，因人、因时、因地而异。问候语应带有友好之意、敬重之心，不容许敷衍了事，更不可戏弄对方。问候语切忌牵扯个人私生活、个人禁忌等方面的话语。

(2)祝贺语

祝贺就是向他人道喜。祝贺语是热烈且富有感情色彩的吉语佳言，能使对方的心情更为舒畅，使双方的关系更为密切。

祝贺的方式多种多样，如口头祝贺、电话祝贺、书信祝贺、传真祝贺、贺卡祝贺、点播祝贺、赠礼祝贺、设宴祝贺等。各种祝贺方式都有特定的适用范围，多数情况下几种方式可以同时并用。

同事之间的口头祝贺语，要求要简洁、热情、友善、饱含感情色彩。例如，“恭喜”“我真为您高兴”“事业成功”“学习进步”“工作顺利”“身体健康”“心情愉快”“生活幸福”“阖家平安”“心想事成”“恭喜发财”之类的吉祥话。祝贺开业，应该说“事业兴旺”“生意兴隆”“财源旺盛”。祝贺生日时，除了“生日快乐”可广泛使用外，“福如东海，寿比南山”这种祝词只适用于老年人。对新婚夫妇，应该说“天长地久”“比翼齐飞”“白头偕老”“百年好合”“互敬互爱”“早生贵子”之类的祝贺语。

(3)告别语

常用告别语有三种类型。一是主客之间的告别语。客人向主人告别时，应该说“请回”“请留步”“就此告辞”“后会有期”等，主人则以“慢走”“走好”等话语回应。如果客人是远行，可说“祝你一路顺风”“一路平安”“代问××好”“多多保重”等告别语。二是熟人之间的告别语。如果两家距离较近，可说“有空再来”“有时间来坐坐”“有空来喝茶”等，也可说“代问家人好”以示礼貌。三是“再见”。“再见”是当今比较通用的告别语，适用于大部分场合的告别。

2. 常用敬语

在日常工作中恰当地使用敬语，能使你显得礼节周到，颇具涵养。

您好：用于见面时的问候，是最直接、有效、常见的问候语。

贵姓：第一次见到对方，请问对方姓氏。

劳驾：请人帮忙时的用语，一般用于对长辈、上级，也可用于平级之间，有时也说“劳您大驾”。

保重：用在将离别或者对方身体不大好的时候，是祝对方身体健康的意思。

康复：看望、问候病人时要说“康复”。

恭候：真诚等候别人到来叫“恭候”。

失迎：没有及时迎接客人时的用语。

失陪：中途需要离开时说“失陪”。

留步：请主人不要送自己说“留步”。

惠存：把自己名片等送给别人时用“惠存”。

辛苦：一般在慰问对方的时候说“您辛苦了”。

包涵：请对方给予谅解时说“请多包涵”。

抱歉：无法满足对方的要求时说“抱歉”。

【小贴士】

常用普通用语与商业敬语对照见表9-1。

表9-1　常用普通用语与商业敬语对照表

普通用语	商业敬语
你们公司	贵公司
你是谁	请问您是哪位
你要找谁	请问您要找哪位
等一下	请稍等
他不在	很抱歉，他现在不在座位上
找客服部	麻烦您向客服部咨询
辛苦了	您辛苦了
（对客户）他回来我会告诉他	等他回来我会转告他
要哪一个	请问您需要选择哪一样
（对上司）现在去	我马上就过去
（对客户）有空再来呀	欢迎您再次光临
久等了	不好意思让您久等了
我刚说的了解吗	刚才所提之事我说清楚了吗

（三）办公室说话讲分寸

【小案例】

繁可之所以成为“烦客”

自繁可进公司后，很快就成了同事们的头号“烦客”。他只要对哪位领导有意见，很快就会有不少这位领导的小道消息、花边新闻和大家“分享”；看不惯哪个同事，就会跟办公室其他同事逐个“我只跟你讲”。而他一旦哪个月的销售业绩不错，马上会对该月业绩差的同事逐一表达“关心”，“热情”地指出人家的不足……很快他就变成了人见人烦、花见花谢的“烦客”。

繁可之所以成为“烦客”，是因为他不懂得办公室交往规则，犯了职场禁忌，不受欢迎是当然的事情。在办公室这个特殊的空间里，说话不可以随心所欲。

1. 不要随便谈私事

不要把私事带到工作场合。有的人喜欢向同事倾吐苦水，虽然这样的交谈富有人情味，能使你们之间变得更加友善，然而研究数据显示，只有不到1%的人能够严守秘密。所以当你出现个人危机时，最好不要到处诉苦，不要随便把同事的“友善”和“友谊”混为一谈，以免成为办公室的焦点或领导眼中的“问题员工”。不要打听薪水。薪水一般会根据个人能力和贡献而有所差别，打听薪水会影响同事间的工作关系。

2. 办公室不乱说话

同事或者领导的负面问题，绝对不能在办公室里说，即使“我只跟你讲”，但很快所有人都会知道。这是造成人际关系紧张的一个重要原因。办公室传播流言蜚语，很容易伤害同事间的情谊，甚至反目成仇。他人的是非，自有公论，在办公室谈论，反而会让人觉得你是在幸灾乐祸，唯恐天下不乱。个人的宗教信仰、政治倾向，这些极易引起争论的问题，都不适合在办公室谈论。

3. 不在办公室争论

不要在办公室里和人争论不休。不是任何单位都有友好的氛围，也不是任何人都能做到辩论之后还会心平气和。假如你非常擅长辩论，建议把这项才能留在办公室之外发挥。否则即使口头上胜过对方，但其实已经损害了他人的尊严，对方有可能从此记恨在心，从此埋下矛盾的“地雷”。

4. 不要乱开玩笑

在办公室里，什么样的同事都会有。尽量不要开玩笑，即使偶尔开玩笑，也要注意尺度，不能对任何人都开千篇一律的玩笑，何况有些人不能开玩笑。

【小贴士】

办公室不能乱开玩笑

①不要拿别人的隐私、缺点、弱点、尴尬事件作为笑料。

②与年长同事、领导开玩笑，一定要在维护对方尊严的基础上。

③拘谨的人，少开甚至不开玩笑，否则很容易被误认为是在挖苦或讥笑他人。

④异性，特别是对于女性，开玩笑一定要适当，避免让人感觉别有用心。

5. 说话对事不对人

工作场合的交谈要就事论事，避免附加任何感情因素的评价。例如，同事请你做一项工作，但你正忙其他事，可以说“如果时间允许，我会试着把这件事插到工作进度中”，但偏偏有人要再加一句“你怎么不早说”。很多工作都是突发的或者临时要办，谁都不好预计，“你怎么不早说”就变成了责怪。即使不是有意，但在听者看来，完全变成了“对人不对事”，可能会影响到同事关系。

【小视频】

职场礼仪

二、 接待礼仪

（一）日常接待

1. 接待前准备要充分

日常接待在企业中较为常见。首先要保持接待室或会议室的地面清洁，桌面物品摆放整齐、有序；其次设备、文件、饮用水等准备考虑周全。

接待外地重要客人时，要提前了解对方的人数(包括具体几男几女)、身份、民族、到达的具体时间、所乘交通工具，以及是否需要接机、接站。了解对方信息，及时向上级领导汇报，以便考虑是否需要其他部门或更高身份的领导出面参与接待。如果是自己负责接待，还应考虑这次接待将要讨论的问题，跟来宾谈什么、怎么谈，询问什么、怎么询问等问题，要做到心中有数，以免被动。

2. 接待中要注重礼仪

(1)接站

如果需要去机场、车站或码头迎接，应确认来宾具体到达时间，提前告知对方接待员姓名、身份、手机号码，以及具体恭候的位置。可以使用标有企业徽标或专门制作的“欢迎×××”的接站牌，在约定地点举牌恭候。对于常来常往的合作单位，可以安排司机去接。提前到达约定地点等候来宾是接站的基本礼仪，与来宾见面后，微笑并握手问候寒暄是基本的礼貌。

【小贴士】

握手的方法

大方伸手，虎口相对；

面带微笑，身体微倾；

目光对视，嘴巴寒暄；

一般三下，力度适中。

握手的礼规

握手要遵守“尊者决定”的原则，年长者、女士、主人享有握手主动权。同性朋友、平辈见面，先伸出手者则表现得更有礼貌。

上级与下级握手，应由上级先伸手；

长辈与晚辈握手，应由长辈先伸手；

女士与男士握手，应由女士先伸手；

主人与客人握手，应由主人先伸手；

客人告辞时，应先伸手与主人相握。

(2)乘车

上车的时候要热情主动地打开车门让来宾先上，并以手示意，等来宾坐稳后为来宾关好车门，再从车尾绕到另一侧开门入座。下车的时候，自己先下，为领导或来宾打开车门，请其下车。

(3)迎宾

接待重要来宾，可以到单位门口，或电梯口、楼道门口迎接。接待普通来宾，可以在办公室门口或直接在办公室起身迎接。如果来宾是多人，建议列队相迎。

(4)引领

在接待过程中，须陪同来宾一道走，应请来宾走在自己右方。主陪人员和来宾并排走，其他陪同人员走在来宾和主陪人员身后。

接待引领过程中不要一言不发，要注意做好语言关照，特别是走到特殊环境的地方，比如转弯、上楼梯的时候，以手示意，并礼貌地说声“您这边请”。上楼梯时请来宾走在前，下楼梯时自己走在前，有扶手的一侧尽量让给来宾。

(5)乘电梯

如果有电梯专员，要请来宾先进先出。没有电梯专员，则自己先进去控制电梯，再请来宾进入电梯，到达目的楼层时请来宾先出。

(6)推拉门

到达接待室或领导办公室，要对来宾说“这里就是×××(所要去的地方名称)”或“这里是×××办公室”。如果门的方向是向外开的，应主动拉门请来宾先进；如果门的方向是向里开的，应主动推门自己先进，再请来宾进，这样才会始终面向客人而不失礼。

(7)敬茶水

敬茶水是中国传统的待客礼节，敬茶必须注意以下几点。

①不论交谈时间长短，都应给来宾敬茶，这是起码的待客之道。

②使用有盖、有把儿的瓷杯冲泡茶水。一次性杯子是退而求其次的选择。

③使用茶叶勺取茶叶，不能用手抓。放入适量茶叶后，加入约1/3杯开水，当茶叶差不多泡开的时候，再为来宾加入适量开水。

④中途续水要用右手打开杯盖，盖口朝上放在茶几上；斟茶七分即可，俗话说“茶浅酒满”。如果是一次性杯子，放入茶叶后一次性倒入约为茶杯2/3的水即可。

⑤上茶有讲究。上茶要先客后主，从来宾的右边上茶。如果来宾人数较多，一般以身份高低为序依次上茶。上茶的具体步骤：先把茶盘放在茶几上，用右手给来

宾递上，手指不要搭在茶杯口上，也不要让茶杯撞到来宾的手。如果妨碍来宾交谈，要先说一声“对不起”或“打扰一下”，之后说“请用茶”“小心烫”等。

3. 送客要真诚周到

接待工作务必善始善终，切忌虎头蛇尾，送客也应注意细节。

远客应考虑是否需要安排交通工具送到车站、码头或机场。分别的时候要说“请慢走”“再见”“欢迎下次再来”“合作愉快”“祝一路平安，万事如意”等道别语。“一路走好”这样的话，尽量不要在道别的时候说。“一路顺风”不可以在送机的时候使用。

送客到门口时，应站在门口目送一会儿，等来宾身影完全消失后再回。返回房间时，关门动作要轻，让来宾听到“砰”的重关门声，难免会引发其他联想。

送来宾到车站、码头，应等车船开动并消失在视线以外再走；送来宾到机场，最好等来宾通过安检再离开。送别之时，不可以表现出心神不宁或出现频频看表的动作，以免造成催他赶快离开的误解。

（二）接待投诉的客人

在职场中，常常会接待一些不请自来并且态度不友好的投诉客人，很多企业专门设立了处理投诉的机构，负责处理客户的各类问题和纠纷。客服部门的业务员怎样接待投诉客人才不会失礼呢？

1. 接待投诉客人的处理步骤

首先，为客人提供良好的接待环境。遇到投诉客人要尽快将客人带到会客室或接待室，这样不仅有利于维护公司形象，而且有利于控制投诉者的情绪。

其次，尽量满足投诉客人的情感需求。客人上门多是受了委屈，业务员要在语言上及时表达出对客人的理解与尊重，如“您先喝点水，歇一会儿，慢慢说”。然后认真倾听对方，在情感上多运用同理心，尽力减少对方的怨气怒气。

最后，针对性介绍公司的产品和服务。客人上门，说明他希望得到专业的指点，这就要求业务员具有扎实的专业功底，运用专业知识尽力为客人提供满意的解决方案，以满足客人的专业需求。

2. 接待投诉客人的策略

（1）不要简单地拒绝

如果你简单地拒绝对方：“对不起，××领导现在不在，至于什么时候回来我不太清楚。”这样反而会让客人的不满升级：“他什么时候回来我就等到什么时候……”因此，不管遇到什么情况，业务员都要尽全力用热情和周到去倾听客人的诉求。

(2)处理问题越快越好

对于特别容易冲动的客人，以快速解决问题为原则。如果对方要面见领导，那就得让领导出面。如果在这个时候还推诿给其他责任部门，事情只能往更坏的方向发展。如果确认对方是无理取闹，甚至耍无赖，务必及时向上级汇报，请求采取相应的措施。

三、 拜访礼仪

公务拜访是职场活动中不可缺少的一种交往方式，拜访人员代表的是公司的形象，所以一定要注意拜访的礼仪。

（一）提前预约

拜访前应事先和被访对象约定，这是首要的礼貌准则。预约时应考虑以下三点因素。

1. 时间的选择

拜访时间的选择以不妨碍对方为原则，选择对方方便的时候。一般来说，工作拜访多选择对方上班时间。正常的工作拜访时间是在上午 9 ~ 11 点钟、下午 2 ~ 4 点钟。可使用电话或是电子邮件向对方提出拜访请求，在说出“不知您能否抽出一些时间”后，再加上“您什么时候比较方便?”或“希望下个星期来拜访您，不知是否方便”等询问。

在预约细节方面要告诉对方拜访的人数、与谁一同前去、此次拜访大概需要多少时间等。如果因特殊情况而不得不取消预约，要尽可能提早告知对方。

2. 地点的选择

工作拜访的地点一般是在对方的办公室。如果因事关机密或其他原因，对方也许会选择在他办公室附近的茶楼或咖啡厅，这时就应“客随主便”。

3. 预约的形式

大致有电话预约、当面口头预约和书面预约这几种形式。在日常工作中，常用电话预约；事情比较重大或双方不太熟悉时，多用书面预约(包括信函、电子邮件和传真)。书面预约要语气婉转、恳切和有礼貌，内容不要太详细，简单说明拜访理由，并提出合适的时间和地点请示对方同意即可。

（二）做好准备

双方约定好时间之后，为了能顺利地实现拜访目的，要认真地做以下准备。

1. 仪表修饰得体

正式的工作拜访，穿着打扮要整齐大方，干净整洁，符合职业特点和要求。

2. 内容准备充分

提前做好准备有利于提高工作效率，即便拜访的目的是为了建立感情，也要事先对拜访对象进行深入细致的了解，以便尽快拉近距离。

3. 物品携带齐全

工作拜访必带物品有名片、笔、记录本和公司介绍等。

4. 明确谈话主题和方式

拜访前应考虑怎样与对方交谈更为妥当，特别是拜访职位高或年长者时，更要注意谈话的内容，选择对方最能接受的方式谈话。

5. 提前了解对方的相关资料

首次拜访务必要多方打听了解对方信息，提前浏览对方公司的网页，收集更多资料，做到知己知彼。

6. 提前规划交通线路及途中所需时间

首次拜访对方还要事先查清地址、交通线路(包括交通工具)以及途中所需的时间，不能因为路线不熟而迟到。

（三）到达

1. 准时到达

一般来说，应提前5~10分钟到达客户公司。大约花5分钟的时间整理一下仪容仪表，然后简单梳理一下沟通思路。

2. 在前台

到达前台首先递上名片，告诉对方来意，请他与你要见面的人联系。等待期间注意自己的举止。

3. 互换名片

名片是现代交往中不可缺少的必备工具。在双方寒暄之前互换名片。拜访者应主动给对方递名片。

4. 递接名片的方法

递名片时应双手拇指和食指执名片两角，让文字正面朝向对方。如果对方先递名片，同样应用双手接名片，接过对方的名片后，要仔细地看一下对方的名片。如果收到名片后马上塞进口袋，或用其他东西压着名片，都是失礼的表现。

【小贴士】

使用名片的注意事项

出席重大的社交活动，一定要带上数量充足的名片；不要在年长的主管面前主动出示名片，除非对方要求；不要在谈话中过早发名片；不要给陌生人传发名片；交换名片时要从职位高的人开始依次递名片；不要将名片夹放在上衣的口袋里，女性可以把名片夹放在手提包里，以方便随时取出名片。

5. 到达时应注意的问题

如果是与上司一同前往拜访客户，为了方便上司，应主动去前台询问并确认拜访安排。当客户引导带路的时候，需让上司先行。进入接待室后，等待对方说“请坐”时，可以坐在下位(最接近入口的位子)，或者按照对方的提示入座。公文包不要放在椅子上或桌上，而应放在脚边。大衣或外套可根据对方提示挂起来，也可以将外套折起来放在不会阻碍自己的后面、旁边或是公文包上面，不要挂在椅背上。

（四）介绍

介绍是重要的社交礼节。介绍一般分为自我介绍、他人介绍、集体介绍三种类型。

1. 自我介绍

正式工作场合的自我介绍，姓名、单位、部门、职务缺一不可。自我介绍根据对象的不同分为不同的形式，大致有应酬式、工作式、交流式、礼仪式、应聘式等，不同形式的自我介绍侧重点也相应不同。不论哪种形式的自我介绍都应注重介绍技巧，要选准时机，注意仪态，掌握程序，讲究艺术。

2. 他人介绍

又称第三人介绍，是经第三人对彼此不认识的双方相互引见的一种介绍方式。在他人介绍中要特别注意介绍的先后顺序，要遵守“尊者享有优先知情权”的原则。

【小贴士】

介绍的顺序

介绍上级与下级认识时，先介绍下级，后介绍上级。

介绍长辈与晚辈认识时，先介绍晚辈，后介绍长辈。

介绍年长者与年幼者认识时，先介绍年幼者，后介绍年长者。

介绍女士与男士认识时，先介绍男士，后介绍女士。

介绍同事、朋友与家人认识时，先介绍家人，后介绍同事、朋友。

介绍来宾与主人认识时，先介绍主人，后介绍来宾。

介绍与会先到者与后来者认识时，先介绍后来者，后介绍先到者。

介绍同性别或年龄相仿的两个人认识，一时又难以辨别其身份、地位时，可以先把与自己关系较熟的一方介绍给与自己较为生疏的一方。

3. 集体介绍

集体介绍是指在被介绍一方或双方不止一人的情况下做介绍。集体介绍时可遵守他人介绍的基本规则，介绍双方时，顺序是先卑后尊。而在介绍其中一方的所有对象时，顺序则应当是自尊而卑。

（五）寒暄

双方见面后，一般不会直接进入主题，而是闲聊几分钟。寒暄内容多为天气、兴趣、休闲、新闻等话题，避免谈论如政治、宗教、信仰等。商场上的闲聊，目的是拉近距离，融洽沟通气氛。

（六）洽谈

与客户沟通工作时，首先要注意遣词用句，遵守语言的礼节。尽量做到语言简洁、逻辑清晰。对于自己不明白的地方，一定要询问清楚。对于客户提出的问题，要记录要点。当你无权做主时，要明确告诉对方需向上司汇报后才能答复。洽谈的过程，要注意保持自然端庄的体态和微笑的表情。

（七）告辞

一般性工作拜访要注意控制时间，一般在 30 分钟左右，额外占用对方的时间是不礼貌的行为。

洽谈结束后，应主动对主人的热情接待表示感谢："谢谢您的热情招待""给您添麻烦了"。商务洽谈，一般很少第一次拜访就有了结论，在方便的情况下可以当场与客户预约下次拜访的时间。如果不方便也可以在拜访结束后，用电子邮件、电话、微信或商业书信向对方传达感谢之意，并继续接下来的第二次、第三次拜访。

【小案例】

滔滔不绝引来的失礼

小宇有一次去拜访一位经理，在谈完业务之后，他很放松地和经理聊起了家常。他滔滔不绝地说着，这时发现经理看了一下手表，并变换了坐姿，小宇意识到自己过多地占用了经理的时间，便很快结束了自己的话题，为自己的疏忽向经理道歉，并随手摆好凳子，拿走自己的水杯。出来后小宇很懊恼，感觉自己很失礼。

【活动空间】

陈军是某公司销售部的新人，明天上午他将第一次单独登门拜访另外一公司设备采购部的杨经理，他心里有些紧张，于是下班前约了同事老胡，让他介绍一些拜访客户时的经验。

活动一，同学们在教室里角色扮演，以分组的形式进行。每 3 人一组，其中 1 人扮演陈军，1 人扮演老胡，1 人进行监督和评价。每个人都要轮流扮演陈军。

活动二，同学们在教室里角色扮演，以分组的形式进行。每 3 人一组，其中 1 人扮演陈军，1 人扮演杨经理，1 人扮演杨经理公司的前台秘书，每个人都要轮流扮演陈军、杨经理、前台秘书。

在实际演练时，教师可增设模拟角色和任务；或让其他同学一起对某一小组的演练进行评论。

活动三，根据实际演练情况，总结拜访客户的要点。

第四节　商务活动礼仪

一、 会议礼仪

（一）会前准备

会议能否取得圆满成功，取决于会前是否做好了充分准备。会前准备一般包括会议时间和地点的选定、与会人员邀请、会议文件材料准备、会前接待等。

1. 选定会议时间和地点

会议时间的选定不得与其他重大会议时间相冲突，同时需考虑参会人员的总体行程安排，尽量选择大多数人都能参加的时间。会议地点的选择，视会议重要程度、会议规模、出席人员的层次而定，一般选择交通便捷、设施完备、离参会者下榻宾馆较近的商务中心、会展中心或酒店宾馆的会议厅等。

2. 会议通知

会议通知是会议组织者和与会者之间在会前沟通的重要渠道。会议通知的内容要尽量翔实、明确。书面通知一般应写明会议名称、主办方、会议时间、会议地点、参会对象、会议内容、会议要求、联络信息等。在信息化技术普遍运用的今天，使用电话、邮件、QQ群、微信群发送通知较为高效。在会议开始之前务必确保所有参会者都已收到会议通知。

3. 会议文件

会议文件是指提交会议讨论或有助于审议事项的各类文书材料，一般包括主旨文件、议案文件、信息文件、决议文件、事务文件五种。要想开好会议，必须安排专人认真准备会议文件。

4. 会议座次

商务会议根据规模划分为大型会议和中小型会议。

大型会议座次排列：首先应考虑主席台、主持人和发言人的座次。主席台的座次排列遵循三点要求：一是前排高于后排；二是中央高于两侧；三是右侧高于左侧。

主持人之位，可在前排正中，也可居于前排最右侧。发言席一般设于主席台正前方，或者其右方。

中小型会议座次排列：一是讲究面门为上，面对房间正门的位置一般被视为上座；二是通常只考虑主席之位，同时也强调自由择座。例如，主席人员可以不坐在右侧或者面门而坐，而坐在前排中央的位置，强调居中为上。这正好也符合居中为上、前排为上的原则。

不同类型的会议除了遵循上述礼仪法则外，还有一些具体的礼仪规范。例如，洽谈会和茶话会等，因会议性质不同，座次排列方式各有不同。

5. 会议物品

会前应把各种辅助物品准备妥当。例如，桌椅、名牌、签到簿、名册、资料袋、笔、音响设备、视听器材等。

（二）参会礼仪

1. 主持人礼仪

主持人一般由具有一定职位的人担任，其礼仪表现对于会议能否圆满成功有着重要影响。会议主持人的礼仪要求如下。

①衣着整洁，大方庄重，精神饱满。

②上台步伐稳健有力，行走的速度因会议的性质而定。

③站立主持，应双腿并拢，腰背挺直。坐姿主持，应身体挺直，双臂前伸，两手轻按于桌沿，主持过程切忌挠头、揉眼、搔背、抓腿等不雅动作。

④言谈应口齿清楚，简明扼要。

⑤应根据会议性质调节会议气氛，或庄重，或幽默，或沉稳，或活泼。

⑥主持期间对会场上的熟人不能打招呼，更不能寒暄闲谈，会议开始前可点头、微笑致意。

2. 与会者礼仪

与会者应衣着整洁，仪表大方，准时入场，进出有序，依会议安排落座。坐在主席台上的人应按要求就座，姿态端正，不要交头接耳，不要擅自离席，当听众鼓掌时也要微笑鼓掌。与会者即使对发言人的意见不满，也不可打断他人的发言，否则是极为失礼的行为。

【小贴士】

听会者注意事项

①遵守时间。严格自觉地遵守会议时间，不迟到，不早退。

②各就各位。在指定位置就座，不要择座、争座或抢座。

③保持安静。主动将手机铃声调成静音模式。会场内除正常会议发言、讨论、掌声外，严禁出现任何噪声。

④专心听会。听会者应认真而专注地听取一切发言，适当做笔记，与发言者有目光交流，必要时以点头、微笑或鼓掌表达支持。

⑤遵守规定。对有关禁止录音、录像、拍照以及使用移动电话等具体规定，应严格予以遵守。

3. 发言者礼仪

会议发言有正式发言和自由发言两种。正式发言的人，仪态要落落大方，步态自然，刚劲有力，体现成竹在胸、自信自强的风度与气质。发言时应口齿清晰，逻辑严密，简明扼要，语速适中，音量适当。若做书面发言，要时常抬头扫视会场，不能始终低头读稿。发言完毕应向全体人员表示感谢。

自由发言较随意，发言应讲究秩序；发言内容应简短，观点应明确；与他人有分歧时，应态度平和，不与他人争论，听从主持人指挥。如果有人提问，应礼貌作答，对不能回答的问题应机智礼貌地说明理由，对提问人的批评和意见应认真倾听，即使批评有误，也不要当场反驳或争执。

二、 谈判礼仪

商务谈判是有关各方为了各自的利益，进行有组织、有准备的正式协商及讨论，以便互让互谅、求同存异，以求最终达成某种协议的过程。在商务交往中，谈判礼仪必须遵守尊重性和严肃性。一般而言，谈判礼仪重点涉及谈判地点、座次安排、谈判者形象、签字仪式等方面。

（一）谈判地点

根据谈判礼仪的要求，作为谈判东道主，应自觉做好谈判现场的布置工作，尽地主之责。在选择谈判地点时，应由大家协商确定。

（二）座次安排

谈判桌可以是长方形的，也可以是圆形或椭圆形的。一般以长方形为佳。席位上要摆上台签，标注入席者的姓名，以方便引导入座。

双边谈判，通常使用长方形桌或椭圆形桌。座次可酌情按横桌式或竖桌式排列。两者有相同之处，也有操作上的具体差异。宾主双方分坐在桌子两侧。桌子横放，以面对正门的一方为上，属于客方。桌子竖放，以进门的方向为准，右侧为上，属于客方。

双方主谈人员在自己一方居中而坐，其余人员则遵循右高左低的原则，依照职位的高低自近而远地分别在主谈人员的两侧就座。如果有翻译，可以安排就座在主谈人员的右边。

（三）谈判者形象

1. 着装规范

参加谈判人员有严格的仪表要求。在着装方面，应选择传统、简约的商务正装。男士穿整套西装，配衬衫领带，脚穿深色棉袜和黑色系带皮鞋。女士穿深色西装套裙和白衬衫，配肉色长筒袜或连裤式丝袜和黑色高跟或半高跟皮鞋。

2. 保持风度

谈判者应自觉保持风度。首先在心态上要做到心平气和、处变不惊、不急不躁。在举止上，要抬头挺胸，面含微笑，目光平视，注意力集中，始终保持热情、诚恳、谦虚的态度。在谈判策略上，要讲究互利互惠、利益均沾的双赢结局。谈判的本质即是相互让步妥协的过程，如果只注意争利而不懂得适当让利，这样做既没有风度，也不会真正赢得谈判。

3. 礼敬对手

谈判者在整个谈判过程中，要将人事分开，讲究礼貌。据调查结果表明，在谈判中，始终面带微笑、态度友好、言语文明、举止彬彬有礼的人，有助于消除对方的反感、漠视和抵触心理。与此相反，谈判中举止行为粗鲁、态度蛮横、表情冷漠、言语失礼，不尊重和体谅对手，则会大大加强对方的防卫性和攻击性，为谈判增添阻力和障碍。

（四）签字仪式

签字仪式通常是指订立合同、协议的各方在合同、协议正式签署时所正式举行的仪式。举行签字仪式是对谈判成果的一种公开化、固定化，也是履行合同、协议所做出的正式承诺。签字仪式可分为双边签字仪式和多边签字仪式。

1. 座次安排

(1)并列式

并列式排座是举行双边签字仪式时最常见的形式，其基本做法是：签字桌在室内面门横放。双方出席仪式的全体人员在签字桌之后并排排列，双方签字人员居中面门而坐，客方居右，主方居左。

(2)相对式

相对式签字仪式的排座与并列式签字仪式的排座基本相同，两者之间的主要差别是，将双方参加签字仪式的随员席移至签字人的对面。

(3)主席式

主席式排座主要适用于多边签字仪式，其基本做法是：签字桌在室内横放，签字席设在桌后，面对正门，只设一个，并且不固定其就座者。举行仪式时，各方人员，包括签字人在内，皆应背对正门、面向签字席就座。签字时，各方签字人应以规定的先后顺序依次走上签字席就座签字，然后退回原位就座。

2. 基本程序

①宣布开始。有关各方人员先后步入签字厅，在各自既定的位置正式就座。

②签署文件。通常的做法是：首先签署己方保存的文本，然后再签署他方保存的文本。依照礼仪规范，每一位签字人在己方所保留的文本上签字时，应当名列首位，此种做法称为“轮换制”。它的含义是：在文本签名的具体顺序上，应轮流使有关各方均有机会居于首位一次，以示各方完全平等。

③交换文本。各方签字人此时应热烈握手、互致祝贺，并互换刚才用过的签字笔，以示纪念。全场人员应热烈鼓掌，以表示祝贺之意。

④饮酒庆贺。有关各方人员一般应在交换文本后饮上一杯香槟酒，并与对方干杯，这是国际上通行的增加签字仪式喜庆色彩的一种常规做法。

三、 商务庆典

商务庆典是指企业或组织为了提高知名度，或为了宣传企业形象，围绕自身或所处社会环境中的重要事件、节日、纪念日等举办的各种仪式或庆祝活动。

商务庆典形式多样，如开业庆典、开工庆典、周年庆典、颁奖庆典、竣工庆典等。各种庆典活动的组织与管理因事而异，但在仪式操办上有其共通的流程。

（一）筹备工作

1. 确定活动主题

由活动举办方确定活动主题。可根据庆典活动的具体目的及社会环境、人文环境等因素来确定本次活动的主题，然后围绕主题安排整个活动的内容。

2. 做好舆论宣传

商务庆典活动的主旨在于塑造企业或组织的良好形象，吸引社会各界的关注，争取公众的认可和接受，因而舆论宣传的作用至关重要。可选择大众传播媒介，在报纸、电台、电视台等进行集中宣传，内容一般包括庆典活动的举办日期、地点、活动简介等。还可以邀请新闻记者在庆典活动举办之前到达现场进行采访报道，以便进一步正面宣传。

3. 邀请来宾

商务庆典活动影响的大小，取决于来宾身份的高低与数量的多少。来宾一般包括上级领导、社会名流、新闻单位工作人员、同行人士等。

4. 确定主持人和致辞人

主持人可以是相关领导，也可以是有一定影响的电台、电视台或礼仪庆典公司的主持人。

致辞人除举办方的领导外，还要在来宾中选择嘉宾致辞人，一般由上级领导和来宾中身份较高者担任，要事先与对方进行沟通和确认，并为其准备好致辞稿。

5. 拟定庆典程序

商务庆典活动的内容和程序视具体情况而定，一般包括：主持人宣布庆典活动开始、升公司旗、介绍领导及嘉宾、举办方负责人和来宾代表致辞、剪彩、授奖、参观、宴请、留影等。

6. 安排剪彩事宜

公司成立、商场开业或大型工程奠基仪式、竣工仪式等庆典活动，一般需要举行剪彩仪式。安排剪彩事宜主要包括以下三个方面的工作。

第一，剪彩者一般请上级领导、合作伙伴或社会知名人士担任。第二，根据惯例，剪彩者可以是一个人，也可以是几个人，最多不应超过五个人。第三，剪彩者名单一经确定，应当尽早告知对方，让其早有准备。

助剪者一般由礼仪小姐担任。礼仪小姐可以挑选精干、身材和相貌姣好的年轻女职员担任，也可以聘请专业礼仪人员担任。在剪彩仪式开始之前，助剪者要提前培训和演练，以确保剪彩仪式顺利进行。

7. 做好接待准备

在商务庆典活动开始前，必须做好一切接待准备工作。例如，事先指派专人负责迎接重要来宾、提供来宾会前休息的接待室等。

8. 做好场地准备

商务庆典活动的场地选择，应结合庆典内容、规模、影响力以及企业或组织的实际来定，一般选择企业或组织的正门之外的广场、正门之内的大厅等，也可以是工程现场。场地大小要与出席人数相适应。

场地布置可以充分利用飘空气球、彩虹门、步道旗、花篮、花卉植物、红地毯等，还可悬挂印有会标、宣传标语、庆祝或欢迎词语的彩带、条幅等，以烘托热烈、隆重、喜庆的气氛。

9. 做好音响准备

在庆典开始之前，举办方要把音响设备准备齐全并调试好，尤其是供来宾讲话使用的麦克风和传声设备。一般在庆典开始前后，播放较为轻松喜庆的乐曲，以烘托庆典气氛。

10. 其他准备工作

其他准备工作包括文字材料、庆典活动程序表、来宾名单、主持词、致辞稿以及企业或组织的宣传册等。另外，贵宾留言册应当选用红色或金色锦缎面的高级留言册，并配备毛笔、砚墨或碳素笔等。

（二）活动流程

1. 签到

宾客到达后，应有专人邀请他们签到。签到后，可以将本企业或组织的宣传资料发给宾客，以扩大企业或组织的知名度。

2. 接待

宾客签到后，由接待人员引导至备有茶水、饮料的休息室，让宾客们稍做休息并相互认识。本企业或组织人员应当陪同宾客进行交流，可以谈本企业或组织的事情，或对宾客的到来表示感谢。

3. 剪彩

主持人宣布剪彩仪式开始，礼仪小姐率先登场。登台之后，拉彩者与捧花者应当站成一行，拉彩者位于两端拉直红色缎带，捧花者各自双手捧一朵花团。托盘者站立在拉彩者与捧花者身后 1 米左右，并且自成一行。

主持人宣布剪彩者的单位、职务、姓名，剪彩者从右侧出场登台，步履稳健地走向彩带，引导者应当在其左前方进行引导。当剪彩者都到达既定位置之后，托盘者应当前行一步，到达前者的右后侧，以便为其递上剪刀、手套。

若剪彩者为一人，剪彩时要让他在中间站定。若剪彩者有几个人，还要根据剪彩者的身份地位分出位次。一般的规矩是：中间高于两侧，右侧高于左侧，距离中间站立者越远位次越低，主剪者应居于中央的位置。“右侧高于左侧”是国际惯例，商务庆典一般遵循国际惯例。

在正式剪彩前，剪彩者应当首先向拉彩者、捧花者示意，待其有所准备后，集中精力，右手持剪刀，庄严地将红色缎带一刀剪断。若多位剪彩者同时剪彩时，其他剪彩者应当注意主剪者的动作，主动与其协调一致，力争大家同时将红色缎带剪断。

剪彩完毕，剪彩者可以依次与主人握手道喜，并列队在引导者的引导下退场。退场时，一般宜从右侧下台。待剪彩者退场后，礼仪小姐再井然有序地列队由右侧退场。

4. 致辞

由举办方领导和嘉宾代表致辞。无论是贺词，还是答词均应言简意赅、热烈庄重，切忌长篇大论。

5. 配套节目

典礼完毕，适宜安排一些气氛热烈的节目，如敲锣打鼓、舞狮耍龙、播放喜庆音乐，还可请军乐队演奏。

6. 附加活动

主持人宣布仪式结束后，可以根据实际情况引导客人参观本企业或组织的生产设施、服务设施及产品或商品，以宣传自己；也可以举行短时间的座谈或请来宾在留言簿上留言，广泛征求意见；之后，还可以安排舞会、宴会答谢来宾。

【活动空间】

课堂训练

① 5 位同学为一组，模拟进行商务会议的会议准备，包括确定、邀请参会人员，选择开会地点、时间，起草会议开幕词、议程表、闭幕词。

② 4 位同学为一组，一组扮演东道主，另一组扮演来参加谈判的客户，模拟谈判前的接待活动。

素养成长小日历

第九章　知礼仪有教养

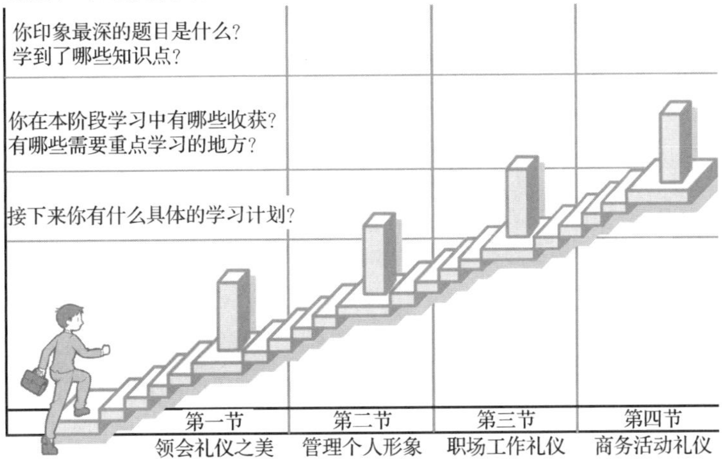

第四编　出彩之能：提升国际职业素养

CHAPTER10

第十章 国际素养与文化理解

CHAPTER10

【导言】

经济全球化背景和“一带一路”倡议使中国经济取得了举世瞩目的成就，随之而来的就是对国际人才的迫切需求。国际素养包括拥有国际视野、熟悉国际规则、精通经济知识、掌握多国语言、具备跨文化理解与沟通能力等，是职业素养的更高追求。

【学习目标】

1. 知识目标

了解国际职业素养的内涵和国际职业素养的意义。

2. 能力目标

加强国际文化理解，了解多元文化。

3. 情感目标

通过对国际文化的理解和学习，拓宽国际视野。

第一节　国际职业素养认知

一、 国际职业素养内涵

经济全球化与“一带一路”倡议对国际商务人才的基本能力和综合素质提出了新要求，国际职业素养也被赋予了更为丰富的内涵。

（一）国际视野及文化理解能力

习近平2014年在中央外事工作会议上指出：“当今世界是一个变革的世界，是一个新机遇新挑战层出不穷的世界，是一个国际体系和国际秩序深度调整的世界，是一个国际力量对比深刻变化并朝着有利于和平与发展方向变化的世界。”面对风云变幻的新形势，要将“一带一路”倡议持续不断地推进，实现中华民族伟大复兴的“中国梦”，就迫切需要一批又一批具有全面国际视野、把握世界发展大势、了解多元文化差异、能够参与国际竞争的优秀人才。

视野决定格局。国际视野是一个人在经济全球化背景下所应具有的知识、能力、素质的综合体现。具体来说，就是指人们具备面向世界的开放意识和全球眼光，能够放眼全局，认清形势，把握世界发展走向，吸收世界文化精髓，掌握经济全球化的“游戏规则”，并具备良好的综合素养和国际交流能力，能够从国际背景和世界发展的角度思考问题和解决问题。

“文化理解”是经济全球化发展所催生的。经济全球化不仅使得各国经济发展依赖共生，而且促进了不同国家、民族的各种文化之间的碰撞与交融，形成了一种多元文化格局。文化理解是国际视野的重要组成部分，意味着人们以开放宽容的视角、平等尊重的态度去认识和了解各国的不同文化，摈弃文化偏见及种族歧视，对于文化形态和风俗习惯的不同予以尊重，深刻理解文化差异，避免跨文化沟通的冲突，求同存异，共同发展，关注和处理人类面临的共同挑战，成为具备国际使命感与责任感的复合型人才。

（二）语言素养及跨国沟通能力

语言是信息的有效载体，是人与人沟通交流的重要工具。当前，在机遇与挑战并存的经济全球化环境下，高水平的语言素养是对国际人才最基本的要求，也是跨国沟通合作顺利进行的前提条件。

“一带一路”倡议对国际商务人才的语言素养提出了更高的要求。众所周知，“一带一路”倡议涉及众多国家和地区的众多人口，涉及语种除了英语、法语，还包含俄语、西班牙语、葡萄牙语、希腊语、阿拉伯语、土耳其语、孟加拉语、泰语等多个语种，因此小语种人才早已供不应求。

需要注意的是，除了熟练掌握语言知识和听说读写的基本能力，还需要具备行业涉外商务合作相关的专用术语、法律用语等相对专业的语言素养以及进行商务谈判的沟通能力，这是跨国沟通与商务合作成功的必要条件。

（三）财商素养及财经决策能力

财商素养也称为财经素养或经济素养，是对人们所具备的必要财经知识、基本风险意识、财富创造思维及财富管理能力的统称。财商素养并不能单纯理解为“挣钱”的能力，而是包含了金融素养、消费素养、理财素养等在内的综合体系，它不仅影响到个人和家庭的经济状况，更与国家金融安全和经济稳定息息相关。

人们总是不可避免地参与到各种经济活动之中，尤其是在错综复杂的国际金融环境中更需要解决各种经济事务问题及困扰。国际商务人才必须了解市场运行和宏观调控的基本原理，具备基本财务、理财知识，培养财务规划、风险规避等意识，树立正确的金钱观、劳动观和财富观，妥善处理各类经济关系，在各种金融背景下的经济活动中做出合理有效的决策。

二、 国际职业素养的重要性

（一）个人职业素养与职场竞争力的全面追求

在竞争激烈的职场中，现代人要有意识地提升国际职业素养，开阔眼界，放大格局，跟上时代的脚步，不断提升核心竞争力。

国际职业素养是个人职业素养的一部分，也是显示人与人之间差距的重要因素，如果能够做到“人无我有，人有我优”，一定能在职场竞争中脱颖而出，成为拥有核心竞争力的人才。

（二）“一带一路”倡议对国际化人才的需求

习近平在2013年9月和10月出访中亚和东南亚国家期间，先后提出与沿线国家共建“丝绸之路经济带”和“21 世纪海上丝绸之路”的重大倡议，简称“一带一路”。“一带一路”旨在促进资源高效配置，加强不同文明交流互鉴，实现共同繁荣发展。

当前中国外向型经济得到了快速发展，在“中国制造”不断走出国门的同时，也吸引了众多实力雄厚的国际化企业争相占领中国市场，“一带一路”倡议早已成为公认的前景最好的国际合作平台。随着中国经济融入世界经济的脚步越来越快，中国企业对国际化人才的需求也越来越迫切。2015 年，马来西亚交通部长廖中莱说道：“人才因素是‘一带一路’倡议开展成功的关键因素。东盟国家有着很多青年群体，他们具有极大的创新性思维和创造性，因此成为‘一带一路’倡议的主要优势。”正因如此，国际化人才已经成为提高综合国力和国际竞争力的重要资源。

“一带一路”所涉国家众多，各国国情文化复杂，合作涉及领域广泛，我国企业将不可避免地与不同语种、不同文化的经济体开展交流与合作，因此对熟悉国际规则、精通经济知识、掌握多国语言、专业能力过硬、综合素质全面的复合型国际化人才的需求已十分迫切。

第二节 国际文化理解

一、 认知文化理解

文化理解不仅包含对不同文化的学习和了解，更重要的是“理解”，强调的是一种尊重、包容的心态，认可文化差异，从而实现多元文化的共生。

（一）文化的内涵

何为文化？长久以来对于文化有很多定义。英国人类学家泰勒 1871 年在《原始文化》一书中提出：“所谓文化和文明乃是包括知识、信仰、艺术、道德、法律、习俗以及包括作为社会成员的个人而获得的其他任何能力、习惯在内的一种综合体。”

荷兰社会心理学家霍夫斯泰德则认为：文化是一个环境中人们的“共同的心理程序”。他指出，文化不是一种个体特征，而是具有相同的教育和生活经验的群体所共有的心理程序，文化会影响人们对事物的关注和判断以及采取的行动，强调了文化对于人们行为的指导作用。

霍夫斯泰德还将文化比喻成一个洋葱，它包含了四个层次：最外面的一层称为象征符号，如服装、语言、建筑物等，是文化中最为具体的、能够肉眼看见的部分；第二层是英雄人物，人们所崇拜的英雄品格代表了文化的价值取向；第三层是礼仪，礼仪是每种文化对待人和自然的独特表现方式，是文化习俗的表现；第四层是价值观，这是文化中最核心的部分，指人们对于好与坏、对与错、美与丑的判断标准。（图 10-1）

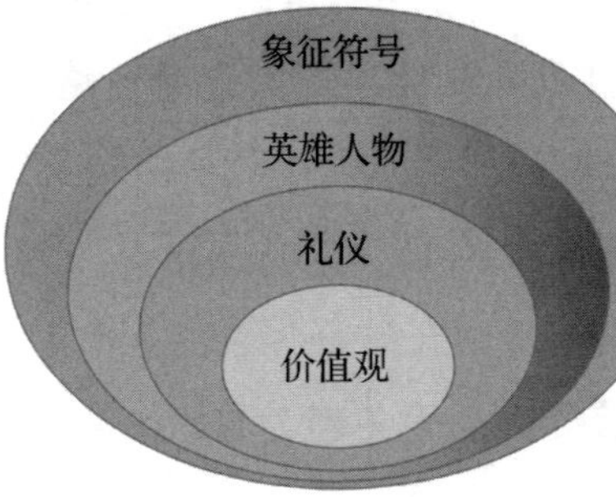

图 10-1　文化洋葱比喻

【小贴士】

文化的冰山模式

文化冰山模式是最为人们熟知的文化模式之一，其主要研究焦点是组成文化的要素以及这些要素中显性的部分和隐性的部分。

这一理论把文化比喻成冰山：露出水面的只不过是冰山的一小部分，且这一部分需要隐藏于水下的部分作为支撑，而这一隐藏部分往往是重要的基础。事实上，文化中存在某些显性的部分，如建筑、艺术、烹饪、音乐、语言等，但是文化中更为重要的基础部分则不易被察觉，如代表某一群体文化的历史、习俗、价值观以及对于空间、自然和时间的态度等。

文化冰山模式认为文化的隐性部分通过显性部分展现出来，并且这一理论也告诉我们有时去了解来自不同文化的人难度有多大，因为我们往往能够发现其他文化的文化冰山中的显性部分，但却不能立即发现支撑显性部分的隐性基础。

然而，文化冰山模式也无法解答一些问题。大多数情况下，这一理论往往作为进一步审视文化的出发点，能够帮助我们更好地理解为什么有时我们很难了解其他文化。

（二）国际文化理解的含义

国际文化理解在“互相了解—互相尊重—共同生存—共同发展”四个阶段的发展中，追求人类的共同利益，关注人类面临的全球性挑战，齐心协力处理全球社会重大问题。

1. 知识层面：了解多元文化

在知识层面，要有意识地了解其他文化的内涵，了解人类文明进程和世界发展动态，关注国际格局和各国之间的相互关系，以开放、平等、尊重的态度接受不同文化之间客观存在的差异，包容多元文化。

2. 能力层面：跨文化沟通

在能力层面，了解不同文化所蕴含的历史知识、风俗习惯及国际礼仪等，加强各国、各民族之间的交流、沟通与合作，相互学习，相互促进。

3. 意识层面：求同存异，互利共生

以博大的胸怀共同关注世界人口、环境、和平等全球性问题，以全球性视野和高度的国际责任感，从人类共同利益出发，客观谨慎地分析问题，同心合力地解决问题。

二、 提升文化理解能力

（一）主动学习多元文化知识

多元文化知识的学习应当是多途径、多方面、多维度的系统学习。例如，阅读外国文学作品并对其进行文化方面的分析和思考，能够扩大知识面，从中领略不同国家的风土人情、历史文化等。当今信息时代，电影、电视、网络等媒体途径也为多元文化的学习提供了丰富的信息资源和突破时空限制的便利条件。

（二）积极训练交流沟通能力

首先，提高外语水平，提升文化交流沟通的语言能力。外语不仅是沟通的工具，也是多元文化的载体，是跨文化交流与实现国际文化理解最难以替代的媒介。外语的学习不仅在于对语言的掌握和得体的应用，更为重要的是加深对外国文化的体会和不同社会的理解。具备较高的外语水平，一方面有助于对他国文化及国情的了解，另一方面也促使对方了解本国文化，实现沟通双方的互相理解，求同存异。

其次，加强文化体验，提升文化交流沟通的实践能力。“天下之事，闻者不如见者知之为详，见者不如居者知之为尽。”仅仅依靠文本的阅读和理解获得的知识是远远不够的，身临其境的体验才是拓宽视野、促进理解的关键。无论是游学、留学，还是参加各种国际交流与合作活动，甚至是一场说走就走的旅行，都是难能可贵的体验机会。

（三）自发拓宽国际视野

要用发展的眼光正确认识世界，包容认同多元文化，相互尊重，消除各种偏见和歧视，处理好个人、国家与人类整体的关系。面对当今世界诸如粮食安全、资源短缺、气候变化、网络攻击、人口爆炸、环境污染、疾病流行、跨国犯罪等全球性问题，不是采取“事不关己”的态度，而是正视问题的存在，勇于担起责任，并用包容的心态和开阔的思路付诸行动，追求人类的共同利益和共同价值。

【活动空间】

小调查

请你选取身边认识的以下两类人做一个问卷调查，归纳和比较不同文化的人们的价值观。

第一类：中国人。第二类：外国人。

调查问卷如下(供参考，可补充或自行列举问题)：

①你认为工作之余有足够的时间陪伴家人是否重要？

A. 非常重要　　B. 一般重要　　C. 不重要

②你认为事业上成功，受到上司赏识是否重要？

A. 非常重要　　B. 一般重要　　C. 不重要

③你是否在意上司做出相关决策时征求你的意见？

A. 非常在意　　B. 比较在意　　C. 不在意

④你是否喜欢稳定的工作？

A. 不喜欢　　B. 比较喜欢　　C. 喜欢

⑤你多久会感觉到有压力？

A. 经常　　B. 有时　　C. 很少

⑥周末突然接到上司通知要加班，你会怎么做？

A. 拒绝　　B. 接受但不满意　　C. 欣然接受

⑦你是否会向他人直接表达不同意见？

A. 经常　　B. 有时　　C. 很少

⑧你如何看待超前消费？

A. 完全接受，很时尚

B. 可以接受，但要理性

C. 不接受

第三节　国际文化理解的应用

一、 国际品牌形象的树立

国际文化理解在企业跨国商务合作与管理活动中应用非常广泛，具有重要作用。于企业而言，除了更好地服务客户之外，还要形成自身独特的品牌形象和品牌价值，这对于企业长足发展起到重要的推动作用。

品牌文化是品牌形象的灵魂，其核心是品牌所蕴蓄的审美观、时尚观等，品牌文化传导了一种品牌精神。通过品牌文化，企业可形成独特的品牌个性，以文化为纽带，与客户形成心灵沟通，增加企业品牌的核心竞争力。

二、 跨国客户的文化适应

一家成熟的企业，其生产的产品、提供的服务、尊崇的文化都必须是以客户为中心，为客户服务的。跨国经营的公司务必要研究目标市场的传统文化，才能做到有的放矢，满足客户需求，更好地为客户服务。

从消费心理学的角度，文化对消费者行为有着非常重要的影响，产品或企业所反映的文化与消费者所处的文化越兼容，或者价值观越相近，接受度就会越高。跨国企业应当从教育水平、语言文字、风俗习惯等诸多方面对不同文化的消费者进行分析，了解客户的喜好，正确掌握客户的产品需求和购买决策。

三、 跨国公司企业文化发展

跨国公司进行并购、经营的过程中，多种文化的差异不可避免，必须重视跨文化管理，考虑管理过程中存在的问题及其带来的后果，对企业中多元文化采取兼容并重的态度，加强跨文化沟通与理解，有效地进行文化协调，这样才能保证企业跨国经营的正常运行。

跨国公司加强治理的策略主要包括管理本土化，让员工了解文化差异，对员工进行培训，在文化共性认识的基础上，最终形成不同文化员工都认可的适合跨国公司长远发展的企业文化。

素养成长小日历

第十章　国际素养与文化理解

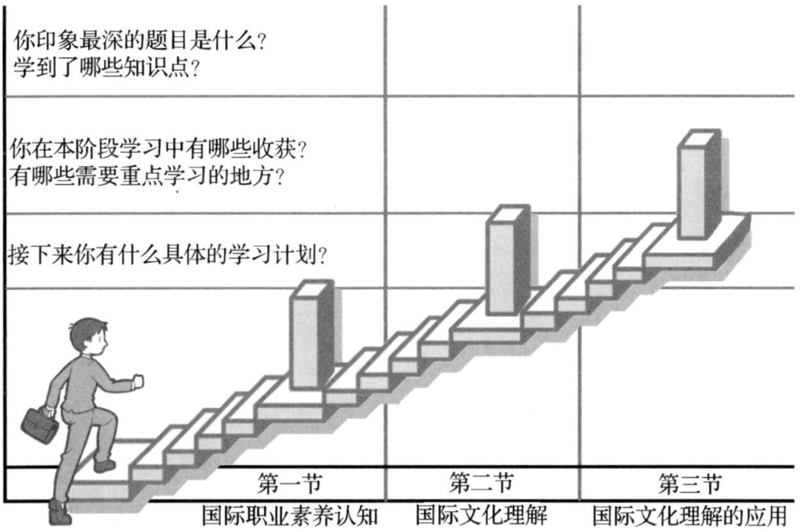

CHAPTER 11

第十一章 跨国沟通与商务合作

CHAPTER 11

【导言】

经济全球化使不同国家之间的沟通交流不再受地理位置的限制，但是各国之间的文化差异在跨国沟通与商务合作的过程中可能会导致沟通失效。

【学习目标】

1. 知识目标

了解影响跨国沟通合作的因素，掌握跨国沟通与商务合作的基本原则。

2. 能力目标

理解文化差异，熟悉跨国沟通与商务合作的有效途径，在跨国沟通时合理运用语言沟通、非语言沟通、倾听理解等技巧。

3. 情感目标

通过跨国沟通能力学习与训练，找准自己努力的方向，建立自信心，完善职业素养。

【触景生情】

沟通问题给詹姆斯·沃伦带来的困扰

詹姆斯·沃伦是核磁共振成像设备等电气医疗成像设备方面的工程师。沃伦的公司有很多技术人员，在精细电气设备制造上，他们具备各种各样的专业技能。但是，沃伦认为，这些技术人员在内部沟通上却毫不擅长。沃伦认为沟通问题已经影响了公司的运转，但是公司里没有人知道怎么去评价和解决沟通问题。

各部门间最常用的正式沟通工具是电子的或书面的便笺，面对面的互动沟通方式很少。最常见的客户沟通方式是传真。沃伦公司的主要语言是英语，但许多客户是外国国籍，英语知识很少或根本没有。

最后，沃伦在报告中指出，有一个相关部门的领导，沟通技巧极差。他只在想听的时候才听，比如，他问问题时，不等回答转身就走开了。沃伦把这个领导的性格定义为 AAA 类型。这个领导直接向首席执行官汇报工作。他常常在与别人谈话中接电话，然后从椅子上跳起来，飞快地冲向来电人的办公室，完全不顾他的举动对另一个谈话人造成的影响。

第一节　跨国沟通与商务合作的障碍

伴随着世界经济全球化和文化多元化的发展脚步，企业的跨国经营与国际化发展已是大势所趋，跨国商务合作成为必不可少的过程。在跨国沟通与合作的过程中，由于双方地域等多种因素的不同，导致沟通双方所理解的含义和行为大相径庭，从而造成沟通与合作的障碍。

一、 语言与非语言差异

（一）语言差异

语言是传播文化的工具。每个民族都有自己独特的语言，包括独特的发音、拼写规则、符号、语法规则等，这些都会成为跨国沟通的障碍因素，使沟通双方产生误会、尴尬和冲突。

一般情况下，翻译人员承担着跨国沟通的信息传达工作，因此翻译者必须具备较高的国际素养。翻译者不仅要熟悉对方国家的经济、政治和历史等知识，还要具备丰富的语言素养。比如中国人说的“吹牛”这个词，在英语语系中应当翻译为“talk big”或者“talk horse”，跟“吹”和“牛”毫无关系。再比如，汉语的称谓语词很丰富，仅父母一辈的称呼就有伯伯、叔叔、姑夫、姨夫、舅父、伯母、婶母、姑妈、姨妈、舅妈等，而英语只有“uncle”和“aunt”概括上辈男性亲属与女性亲属。

一种语言中的褒义词、中性词，而在另一种语言里可能是贬义词。例如，中国人常用“狗”组成一组贬义词，比如“走狗”“狗仗人势”“狗腿子”“狐朋狗友”“狼心狗肺”等；而西方文化中“dog”常常被用来形容可爱的、可靠的、亲密的人，比如“love me，love my dog”（爱屋及乌）、“a lucky dog”（幸运儿）、“top dog”（优胜者）、“clever dog”（聪明的孩子）等。

（二）非语言差异

非语言沟通来源于文化长期沉淀形成的沟通方式和习惯，包括语言沟通以外的所有沟通手段，如肢体、表情、空间、时间、环境等。正因如此，跨国沟通中的非语言差异往往比语言差异更容易引起误解。在进行跨国沟通时，必须高度重视并谨慎对待非语言差异。

非语言沟通于无声处传递着沟通双方诸多信息和情感，不同的国家、不同的文化，非语言差异很大。比如，较多国家把“点头”理解为“同意”的意思，但在一些国家，点头却并不一定表示赞同，而只是代表听见了。

二、 文化差异

（一）文化维度差异

霍夫斯泰德通过对跨国公司中来自世界五十多个国家的文化进行调查、分析、比较，于20世纪80年代发表了专著《文化的影响》。这本专著主要介绍了文化价值观差异理论。后来经过多次研究，他归纳出了衡量不同国家文化之间差异的六个价值观维度，即个人主义与集体主义、权力距离、不确定性规避、男性化与女性化、长期导向与短期导向、放纵与约束。

1. 个人主义与集体主义

文化的个人主义和集体主义维度是六个维度中最核心的，它反映了特定社会里个人与集体的关系，也就是人们更关注个人利益还是更关注集体利益。不同的社会对集体主义的态度有所不同。在个人主义倾向的社会中，个人是独立于他人的存在，每个人都是与众不同的，可以自由选择自己的行动，只关心自身的利益，可以说是一种"'我'的文化"。在集体主义倾向的国家中，个人被看作是集体的组成部分，对集体组织具有精神上的归属和忠诚，而集体也会给予个人持续的保护和支持，是一种"'我们'的文化"。

2. 权力距离

权力距离指的是人们对于权力、权威等因素在社会或组织中不平等分配的接受程度。权力距离大的文化中，人们对于等级十分敏感，在辈分、职位、头衔、学识、财富等方面呈现不同的社会地位，如辈分高、职位高或学识好的人往往会有优越感，同时受到人们敬畏。在权力距离小的文化中，人们更加强调平等，虽然也有权力、权威等不平等现象存在，但是人们淡化了这种不平等，人与人之间可以对等的交往。

3. 不确定性规避

不确定性规避维度是指人们遇到不可预测的情况时是否通过正式的渠道来避免和控制不确定性。不确定性规避程度高的社会比较重视权威、地位、资历、年龄等因素，通过建立更多的工作条例、流程或规章制度以应对不确定性，相信绝对的真理和专业知识，寻求集体的同一性，不能容忍偏激观点和行为。不确定性规避程度低的社会中人们对不确定性因素的接受程度较高，容许各种不同的主张同时存在，追求个人的创造性，工作条例和流程的规范化、标准化程度较低。

4. 男性化与女性化

男性化与女性化维度是指文化所表现出的男性和女性特征，代表了男性与女性在文化中的社会角色和受重视程度。在男性特征明显的文化中，更加推崇雄心、竞争、独断等男性品质，追求物质成就，信奉“活着是为了工作”，强调“男主外，女主内”的性别角色和社会分工，女性很少在社会上担任高级职位，在与男性的竞争中处于劣势。女性特征明显的文化则凸显谦虚、关爱他人等女性品质，更加关注生活质量，相信“工作是为了生活”，男女分工没有严格的区分，女性担任高级管理职务的比例很高。

5. 长期导向与短期导向

长期导向与短期导向借鉴了孔子的儒家思想，强调文化对传统的重视程度。长期导向的文化关注未来，注重坚忍、勤劳、节俭、克制等品德，做任何事均留有余地。在短期导向的文化里，注重个人利益，重视保护面子，价值观更加倾向于过去和现在。

6. 放纵与约束

放纵与约束维度指的是某一社会对人基本需求与享受生活、享乐欲望的允许程度，是霍夫斯泰德在2010年版的《文化与组织》一书中提出的一个新的文化维度。放纵的数值越大，说明该社会整体对放纵的允许度越大，人们越不约束自身。放纵型文化允许人们相对自由地享受天性和生活乐趣，人们容易获得幸福感；约束型文化相反，认为对生活享乐要用比较严格的社会规范加以约束，不能放纵，人们较难获得幸福感。

（二）语境文化差异

语境这个概念是由美国社会学家爱德华·霍尔在其1976年的专著《超越文化》中首次提出的，并由此形成了高语境文化和低语境文化理论。

高语境文化中的人们在沟通过程中主要依靠语境来传递信息，将大部分信息通过情景线索来传递，而很少用明晰的语言文字直接表达，考虑对方的感觉和感受，习惯“绕圈子”以避免尴尬。低语境文化正好相反，人们主要依靠信息编码来传递信息，重要的信息通常经过清晰明确的语言文字来传递，直截了当地表达自己的思想和观点，注重细节和逻辑性，不善于根据语境去揣测对方的想法。

【活动空间】

头脑风暴

中国是高语境文化的典型代表，汉语言文化博大精深，很多古语或成语都能反映出中国人委婉、间接的表达方式，比如，“只可意会，不可言传”“心照不宣”“言外之意”“弦外之音”等。你还了解哪些反映中国高语境文化的成语、故事或案例？

第二节　跨国沟通与商务合作的原则与策略

一、 跨国沟通与商务合作的原则

（一）知己知彼原则

跨国企业之间由于文化背景不同，其价值观念和行为方式也会产生较大差异，给商务合作带来不便，只有加强和增进彼此间的了解，才能促进双方取长补短、共同发展。其一，要了解合作方员工的性格特征、兴趣爱好、工作风格等基本情况，以防止在沟通过程中出现失礼或尴尬的情况；其二，还要了解对方的文化背景、行为方式、企业文化等，做到知己知彼，尽可能避免沟通中的冲突。

（二）因地制宜原则

因地制宜原则又被称为“入乡随俗”原则，是指商务合作的各方在不同文化基础上，针对东道国的文化环境，因地制宜地采用适当的方式进行沟通。不同国家、不同民族有着不同的习俗、传统、礼仪、宗教信仰和思维方式，每种文化在特定的地域内都具有很强的影响力，不存在先进还是落后之分。与不同文化背景的人进行沟通和交流时，必须给予对方足够的尊重，尤其是在东道国的文化环境中，尽可能多地了解当地文化群体的民俗民风、价值观念、民族信仰、历史文化以及传统习惯等，在着装、饮食、礼仪等方面迎合当地文化，给对方一种亲切的感受，快速拉近双方的心理距离。

（三）平等互利原则

企业之间进行商务合作的目的是为了盈利，即获取必要的经济效益和社会效益。“了解—平等—互利”，这是商务合作双方必要的诚意，也是合作成功的前提和基础。在跨国沟通中要全面了解合作方的社会文化、企业文化和价值观，找到存在的差异与共同点，平等相待，互惠互利，既要从自己的利益出发，又要兼顾双方的共同利益。

（四）互重互信原则

尊重是信任的基础，信任是尊重的升华。相互尊重是国际交往中最起码的礼貌和诚意，不仅要尊重合作方的人格，更要尊重其文化背景及企业价值，为双方的沟通营造良好的气氛。相互信任是国际交往中在相互了解和相互尊重基础上达成的默契，在跨国合作的过程中要彼此开诚布公，求同存异，这也是促进双方合作成功的重要因素。

二、 跨国沟通与商务合作的策略

（一）保持敏感

不同国家和民族存在着文化差异，从事跨国商务的相关人员首先要具备足够的“文化敏感性”，时刻保持正确的心态，合理预期对方的文化背景，全面了解其民族、宗教、历史、人文等社会知识，识别双方文化的共性与差异，在文化差异中寻求发展的共同点。既要保持自身文化的特色和优势，又要尊重对方、不侵犯对方的文化和习俗，在相互尊重中尽量使不同文化交融，最大可能地消除沟通障碍，实现商务合作的共赢。

（二）理解万岁

理解、承认和尊重是促使跨国沟通成功的重要条件。在积极推进跨国沟通与合作的工作中，一方面，要正确认知自身的文化模式，理解本土文化的优缺点以及演变过程，消除自身优越感和种族中心主义的主观偏见，主动识别自己和对方文化之间存在的类同和差异，避免产生对其他文化进行的抗拒和孤立。另一方面，要充分理解对方的文化，站在他人的文化立场上看问题，用对方的文化价值观进行思考和沟通，尽可能消除跨国沟通存在的冲突和障碍。

（三）求同存异

跨国沟通的过程也是多种文化碰撞而产生新的火花的过程。跨国沟通的双方应该以开放的心态，提前做好准备，对对方文化进行全面而详细的了解，合理预计沟通障碍的多种可能性。在沟通过程中，如果遇到障碍，要快速判断其产生的根源，充分尊重对方的文化习惯，在两种文化之间寻找平衡点，取长补短，求同存异，共同发展，找到合适的沟通方法和途径去解决沟通难题。

（四）学无止境

国际化人才在应对复杂的国际竞争中，除了要具备较高的外语听说水平和专业技术水平，还需要不断提升跨国沟通的能力。

1. 提升语言沟通能力

良好的沟通能力不仅仅指口语交流和表达的能力，还表现在恰当地选择与具体场景相配套的语言的能力。在跨国沟通交流中，友善、得体的语言沟通能够第一时间拉近与对方的心理距离，使对方将自己当“自己人”看待。对于不同文化背景的人应当选择不同的语言沟通方式。比如，这个国家的人说话喜欢直截了当，害怕沉默，那在与这个国家的人交谈的过程中可以简单直接；另一个国家的人习惯婉转表达，不喜欢插嘴，因此在与这个国家的人交流的时候可以委婉含蓄。

另外，在跨国沟通交流时，还要确保语言的完整性、正确性、简洁性、礼貌性，简明准确地向对方提供其所需的所有信息，要保证信息既完整又不啰唆重复，要回答对方提出的所有问题，还要注意观察对方，适当地进行停顿，给对方充足的时间进行消化和理解，确保信息传递畅通无阻。

2. 提升非语言沟通能力

非语言沟通能力在跨国沟通与商务合作中也是非常重要的，包括眼神、表情和身体语言等。由于文化差异的客观存在，非语言沟通方式在两种不同的文化背景中被赋予各种不同的含义，但它们本身并没有好坏优劣之分，在沟通过程中面对不同文化的人要采用不同的非语言沟通方式。

在具体操作上有两点需要注意：一要注意观察对方的眼睛和面部表情，学会读懂对方的身体语言，判断其心理状态，接收对方传递的信息；二要注意自己的表情和身体语言，适当地利用表情、眼神、手势、身体等非语言方式等来帮助自己传递信息，切莫做出产生误解和冲突的举动。

3. 提升倾听理解能力

在跨国沟通中，倾听理解能力尤为重要。一方面，积极倾听表示尊重对方，表达出认真、耐心的态度和诚意，以保证沟通过程顺利进行；另一方面，积极倾听帮助我们接收更多来自对方的有效信息，使我们理解对方的想法和态度，提高沟通效率，减少沟通中的误会。

耐心倾听是沟通者良好素质和修养的体现。当沟通中出现意见不一致时，不要立即打断或者反驳对方，而要耐心地听完对方陈述，首先肯定对方，承认自己在某些方面的不足，然后表示愿意针对对方的意见进行讨论和改进，双方平心静气地进行协商沟通，促进商务合作的达成。

素养成长小日历

第十一章　跨国沟通与商务合作

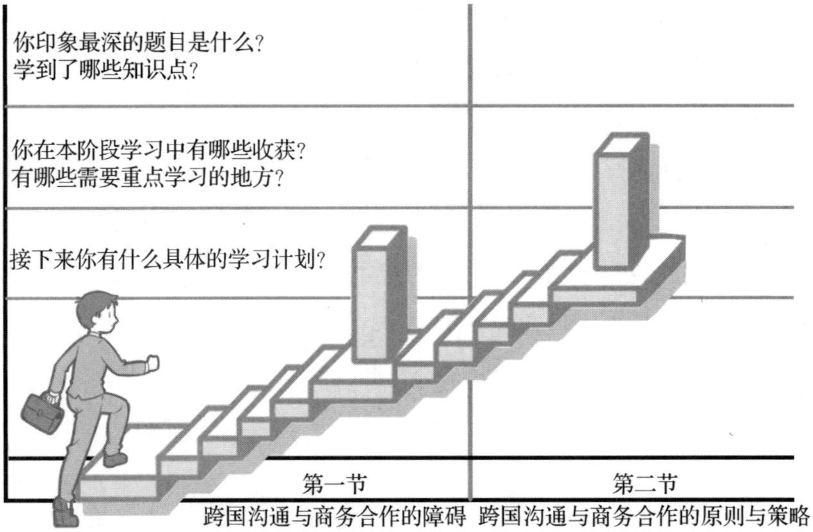

CHAPTER 12

第十二章
国际商务中的财商素养

CHAPTER12

【导言】

中国有句古话“君子爱财，取之有道”，不仅要“取之有道”，还要“用之有道”。这里的“道”其实就属于财商的范畴，具体来说包括掌握财经金融相关知识，具有合理获取财富与管理财富的能力，培养正确对待财富的态度和价值观，这些都是现代商务活动尤其是国际商务人才必须具备的财商素养。

【学习目标】

1. 知识目标

了解财商素养的内涵及学习财商素养的意义，熟悉并理解商务活动中所需要的财商素养。

2. 能力目标

掌握提高财商素养的方法与途径，具备一定的财经知识和财富管理能力，并能够应用在职场中解决相关经济问题。

3. 情感目标

通过财商素养知识的学习与能力训练，培养对待财富的正确态度，形成正确的价值观、金钱观。

【触景生情】

一个小故事

从前，有一个很富有的父亲，为了怎样把自己的资产分配给三个孩子而烦恼。后来，他想到一个方法，就是对他们进行一个财商测试。他对三个孩子说："我打算每人给你们十万元，但现在只暂时每人给你们五万元，要看你们怎样运用，才决定应否再给你们另外的五万元。"大儿子拿到钱后，立刻把这五万元花光，并经常问父亲何时才可给他另外的五万元；二儿子把五万元收藏于一个很隐蔽的地方，然后每天偷偷看一次，每次均流露出愉快的表情；三儿子利用这五万元做了一些小生意，并取得不错的成绩，一段日子后已累积了一些财富。结果如何？那个做父亲的，当然是把自己所有的资产全部交给三儿子，因为知道只有他才懂得利用金钱，创造更多的财富。

第一节　财商素养与国际财商素养

一、 财商素养

（一）财商素养的内涵

所谓财商素养，通俗地说就是一个人与财富和金钱打交道的能力。1999 年，美国作家兼企业家罗伯特 · T. 清崎等人的著作《富爸爸穷爸爸》将财商（financial quotient，FQ）的概念带入人们的视野，中文直译为"金融智商"。罗伯特认为财商与我们经常谈到的智商、情商一样重要，它是一种能力，是一个人对于财富的认知、获得及运用的能力，是现代人必备的核心素养之一。

那么，怎样才算是具备财商素养呢？第一，要掌握与财经相关的知识，充分理解和运用金融、经济、财务、管理等诸多方面的知识；第二，要具备创造与管理财富的能力，学会管理财富，学会让财富增值；第三，还要有正确的情感、态度、价值观，以超脱的心态和博大的胸襟，让财富为我所用，创造更多更美好的事物，为需要的人提供帮助，从而实现自己的人生目标和追求更大的人生价值。

（二）学习财商素养的意义

财商素养对于个人成长、家庭幸福、社会和谐、国家稳定有着深刻的影响。

于个人而言，财商素养为自我成长和家庭幸福奠定基础。人作为经济人，不可避免地要与金钱打交道，拥有多少钱？能赚多少钱？如何用钱生钱？这些问题直接关系到一个人的财富水平和家庭状况。财商素养是在经济社会中的生存能力，是正确认识金钱、应用金钱、控制金钱的能力，它直接影响着人们的生活质量和家庭幸福指数。

于企业而言，财商素养为创造财富和规避风险保驾护航。现代企业财务管理的目标是追求“企业价值最大化”，除了对财富和利润的追逐，也需要合理地规避可能会发生的风险。良好的财商素养意味着对财经知识的熟悉，对全球经济形势的正确判断，对投资理财的合理决策和对风险水平的把控，这对企业稳定和长远发展具有十分重要的作用。

于国家而言，财商素养为经济稳定和社会发展提供保障。经济基础决定上层建筑，国家安定和社会和谐是以经济稳定为基础的。财商素养不仅决定了个人和家庭的经济水平、企业正常运作和成长，还影响到国家的金融安全和经济发展。全面提高公民的财商素养，增加社会财富，保障市场金融安全，推动经济稳步发展，是保证国家稳定、社会发展、人民幸福的迫切需求。

二、 国际财商素养

在国际商务活动中，由于存在语言文化、经济状况、法律环境等诸多因素的巨大差异，可能导致商务合作困难重重，相关人员必须了解基本的财经知识，能够从经济学的角度认识问题，并树立正确的观念，不仅要保证商务合作活动顺利开展，获得相应的利润，而且要合理规避风险，从长远视角追求企业价值最大化和社会经济稳定发展。

（一）财务金融知识

跨国企业的良好运营离不开科学的财务管理，国际商务人士更应该具备相应的财务和金融相关知识。一方面是基本的财务金融知识，包括货币的时间价值、基本财务报表及分析、资产与负债、价格与成本、收益与利润、现金流量、赊销政策、债务利息、税收筹划等；另一方面是跨国业务相关的财务金融知识，如基本的外汇管理政策、汇兑损失、汇率风险的规避、国际上习惯的付款方式、信用和资金担保、国际价格变化趋势等。

掌握财务金融知识，不仅能够帮助我们判断某项经济业务是否能带来预期的收益，灵活运用资产，合理分配各种投资额度，还能规范企业管理，保障企业正常运作和长远发展。

（二）跨国市场规律

市场经济，指的是以市场为导向的经济。跨国商务活动涉及国际市场，相关人员要熟悉市场经济规律，通过对经济学的系统学习，了解并熟悉市场需求与供给的关系、市场调节资源配置、宏观调控的制度、财政政策与货币政策及其传导机制以及经济周期的“萧条—复苏—繁荣—衰退”四个阶段等相关知识，遵循市场经济规律和原则，掌握商品价值及市场价格波动情况，并能够对市场情况做出合理预测，在商务活动中做出正确的决策。

（三）知法懂法意识

作为国际商务人士必须要有较强的法律意识，不仅要熟练掌握本国经济法规(包括会计法、税法等)以及有关规定，还应当学习国际相关法律知识，包括贸易法、经济法、外汇管理法、国际运输法律法规、相关国家税法以及其他法律法规和管理制度等方面的知识。培养法律意识，守住财富的底线，这不仅是履行公民义务的需要，更是为了保护企业和个人在跨国业务中的正当利益不受损害。

（四）国际投资战略

投资是财务管理的重要组成部分，也就是“钱生钱”的学问。现代社会提供了多种投资渠道：银行存款、保险、股票、基金等。投资是为了获得收益，而收益与风险总是相伴而生的，因此投资必须建立在熟练掌握财务金融知识和市场经济规律的基础之上，追求较高投资收益和较低投资风险之间的平衡，切不可盲目进行。

科学的投资决策应当包括三个步骤：拟订两个以上的投资方案；通过可行性研究评选出最佳投资方案；实施最优投资方案。

（五）风险管理意识

风险管理意识是指企业或者个人对风险的承受态度和能力，包括是否愿意去承担风险以及能够承担多大的风险。有的人可能愿意承担风险但却没有多少财产可以用来冒险，而有些人具备承受风险的财力，却在思想上不愿意冒险。高收益通常伴有高风险，同时，高风险也能带来高收益。成熟的风险管理意味着不会冒进，但也不会因为畏惧风险而裹足不前。跨国企业可能会承担的财务风险一般分为政治风险、筹资风险、投资风险及外汇风险。强化风险管理意识，对各种风险进行有效的管理，能够帮助人们做出正确的经营决策，避免在意外发生时陷入困境，从而保证应当获得的收益，实现价值目标。

第二节　提升财商素养的策略

财商素养一方面是个人综合能力的追求，另一方面是社会对人才的需要。通过多方面的途径提升财商素养，是对自己的一种投资，有助于在竞争激烈的职场中增强自己的核心竞争力。

一、 多维学习夯实基础

学，然后知不足。想要提高财商素养，首先就要加强学习，只有坚持不懈地、多维度地学习，获得财商素养相关的知识，才知道自己在哪些方面有所欠缺，并努力丰富自己的知识库，打好基础，提高与财富打交道的能力。

（一）广泛阅读财经书籍和报刊

“书中自有黄金屋”，阅读能够让我们拓宽财经知识面，建立财富管理意识，形成自己的知识体系。不要局限于某一类书籍或者只读专业著作，而应当博览群书，因为很多知识都是相连相关的，多涉猎不同的财经、金融、理财类书籍、报刊等，从点到线，从线到面，可以建立起庞大的知识网，尤其是要结合当前经济形势和社会热点形成自己的思考和分析，完成解码转换，让知识“为我所用”。

（二）修习专业课程及听取专家讲座

选择相关的课程或者专家讲座，听取百家之言，有可能的话最好向教师或者专家当面请教。通过专业人士的指导，深入地研究财经理论知识，剖析实际案例，能够使自己豁然开朗，也能让自己的知识体系更丰满、更完善、更切合实际。

（三）利用电视与网络媒体多方面拓展知识

通过电视节目、网络视频、网上论坛等，多渠道、多方面获取知识，留意日常生活中的经济新闻和社会消息，并形成一种习惯坚持下去，丰富自己的投资理财知识，不断地积累和总结。

二、 善于借助榜样力量

榜样的力量是无穷的。成功的财富名人，必然有很多值得我们学习和借鉴的地方。我们不仅要向成功人士学习他们的成功理财经验，更重要的是学习先进的理念和创新思想，学习长远的战略眼光和把握机遇的能力。

同时，还要善于在自己身边寻找可供学习的榜样。很多著名的财富榜样离现实太过遥远，他们生活的环境、机遇等与当前的实际情况差别很大，因此学习和借鉴他们的理财方式有一定的困难。“三人行必有我师”，我们要多向身边财商素养高的同龄人学习，关注他们在理财方面的方法、思路和技巧，遇到难题及时请教，这样更有利于理财能力的进步和财商素养的提高。

三、 勇于实践方得真知

“千里之行，始于足下。”光有知识储备和榜样力量肯定是不够的，付诸行动并在实践过程中不断总结才是提高理财能力和财商素养的关键。

（一）理财宜早不宜迟

货币的时间价值决定了时间对投资理财的重要性，这也被称为复利效应。越早开始，能获得的收益越大。但是，理财不能盲目跟风，必须要制定一套适合自己的理财计划，按照短期、中期和长期理财目标来合理安排资产，必要的时候可以求助于专业理财顾问来定制专属理财计划，要学会如何用最少的钱，获取最高的收益。

（二）养成记账的习惯

记账不是财务人员的专属工作，而是提高财商素养的重要方法，值得每一个人认真对待。通过记账能清楚了解收入和支出情况，知道钱究竟花在哪里，从而控制消费和调整支出结构，同时还有助于设置合理的理财目标和理财规划，控制风险成本，将自己拥有的可以支配的收入用到极致。

如果不习惯用记账本，现在很多记账应用软件非常实用，利用随身携带的手机便能够随时随地记录每一笔收入和支出，这些软件还能帮助进行数据的统计和分析，准确又方便。

四、 健全财商心理素质

（一）切忌贪得无厌

贪婪是投资理财的大忌，理性投资者必须学会克服贪婪。被贪婪蒙蔽双眼，会使人失去理性判断的能力，可能没有做足功课就盲目投资，可能为了追求高收益而忽略了风险，也可能面临亏损仍旧坚持错误的决策而导致血本无归。贪得无厌是人性的弱点，容易驱使投资者难以自控，失去了思考能力，做出错误的选择。要克服贪婪，就要给自己设置底线，学会取舍，有“舍”才有“得”。

（二）不为财富所累

财商素养不仅仅是获得财富的能力，更重要的在于管理财富、驾驭财富的能力和超脱于财富的态度。财富可以改善人们的生活，可以造就成功的事业，但是财富应当是被人驾驭、为人所服务的，而不应当是驾驭在人之上，驱使人们做出不理智、不道德，甚至不合法的事情。

（三）坚持就是胜利

找准了方向，迈开了行动的步伐，更重要的就是坚持：坚持学习新的知识和理念，坚持向优秀的人取经，坚持执行理财计划并不断调整，坚持记录收入和支出……有的人兴致勃勃地投资了一些理财产品，却并未在短期内得到预期的收益，甚至有所亏损，于是便对理财失去了信心。殊不知，投资不是投机，不能只看到眼前的收益，更多时候要考验投资人的耐心和意志。对于制订好的中期、长期理财计划，要坚持执行，朝着自己的理想目标坚定前行，要相信，时间会证明一切。

素养成长小日历

第十二章　国际商务中的财商素养

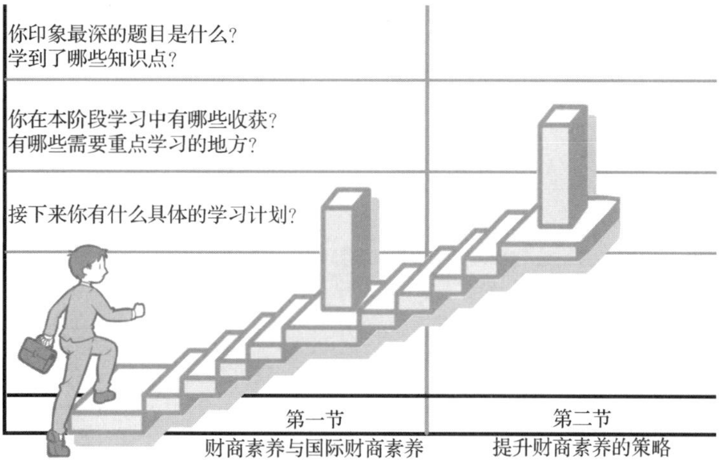

参考文献

[1][英]约翰·康特. 如何管好自己(第五版)[M]. 王育伟，译. 北京：中信出版社，2018.

[2]张艳玲. 职场心理学[M]. 北京：民主与建设出版社，2017.

[3][美]吉姆·洛尔，[美]托尼·施瓦茨. 精力管理[M]. 高向文，译. 北京：中国青年出版社，2015.

[4][美]彼得·德鲁克. 卓有成效的管理者[M]. 许是祥，译. 北京：机械工业出版社，2005.

[5]张超. 职场潜伏心理学[M]. 长春：北方妇女儿童出版社，2010.

[6]霍欣田. 每天读一点职场心理学[M]. 长春：时代文艺出版社，2010.

[7]李家强. 从职场新人到职场精英[M]. 北京：电子工业出版社，2016.

[8][美]吉姆·兰德尔. 时间管理[M]. 舒建广，译. 上海：上海交通大学出版社，2012.

[9]马玉山. 对个人来说确保与团队目标一致[J]. 中国民兵，2011(1).

[10]陶文辉，马桂香. 大学生职业素养[M]. 长春：吉林大学出版社，2017.

[11]王超. 卓越员工团队精神[M]. 北京：北京工业大学出版社，2013.

[12]蔡子强. 从伍兹绯闻到“破窗理论”[J]. 中外文摘，2010(9).

[13]李慧波. 团队精神[M]. 北京：新华出版社，2004.

[14][英]卡卡巴德斯，[英]班克，[英]维克姆. 在团队中工作[M]. 金清，孔谧，译. 天津：天津人民出版社，2009.

[15]张智慧. 团队精神Ⅱ[M]. 北京：新华出版社，2007.

[16]李金玉. 团队精神全集[M]. 深圳：海天出版社，2009.

[17]张岩松，高琳，王允. 新编团队合作能力训练[M]. 西安：西安电子科技

大学出版社，2015.

[18]沈思，王晓文，王璇，等．信息获取与利用研究[M]．西安：陕西科学技术出版社，2016.

[19]查先进．信息分析[M]．武汉：武汉大学出版社，2011.

[20]卢小宾，郭亚军．信息分析理论与实践[M]．北京：清华大学出版社，2013.

[21]秦勇，李东进．管理学：理论、方法与实践[M]．北京：清华大学出版社，北京交通大学出版社，2013.

[22]姚小远，杭爱明．市场调查原理、方法与应用[M]．上海：华东理工大学出版社，2015.

[23]王学川，杨克勤．社会调查的实用方法与典型实例[M]．北京：清华大学出版社，2011.

[24][美]巴巴拉·明托．金字塔原理[M]．王德忠，张珣，译．北京：民主与建设出版社，2006.

[25][美]埃森·M. 拉塞尔．麦肯锡方法[M]．赵睿，等，译．北京：华夏出版社，2001.

[26]孙慧竹．礼仪规范教程[M]．天津：南开大学出版社，2009.

[27]王燕．护理礼仪与人际沟通[M]．北京：人民军医出版社，2015.

[28]张自慧．个人形象与求职艺术[M]．北京：人民美术出版社，2000.

[29]许湘岳，蒋璟萍，费秋萍．礼仪训练教程[M]．北京：人民出版社，2012.

[30]谭一平，叶坤妮．职场工作礼仪[M]．北京：清华大学出版社，2011.

[31]张廷辰，李兵琴．个人形象与职场礼仪[M]．银川：阳光出版社，2014.

[32]纪亚飞．服务礼仪标准培训[M]．北京：中国纺织出版社，2012.

[33]程社明，卜欣欣，戴洁．人生发展与职业生涯规划[M]．北京：团结出版社，2003.

[34]张景彪．素养教育[M]．北京：清华大学出版社，2012.

[35]高亚军．大学生职业生涯规划(职业素养与能力篇)[M]．北京：北京理工大学出版社，2015.

[36]张章．说文解字下[M]．北京：中国华侨出版社，2012.

[37]朱光潜．朱光潜谈修养[M]．沈阳：万卷出版公司，2016.

[38]封智勇，王欣，余来文，等．职业素养[M]．福州：福建人民出版社，2014.

[39]秦朝钧，冯方，邹文娜．职业化养成理论与实践[M]．武汉：华中科技大学出版社，2009.

[40]杨千朴．职业素养基础[M]．北京：中国时代经济出版社，2007.

[41]郑英，谢婧．高职生职业发展与就业指导教程[M]．成都：西南交通大学出版社，2015.

[42]叶蓉，文峥嵘．职业素养通修教程[M]．天津：天津大学出版社，2014.

[43]王虎平，等．大学生就业与创业指导[M]．武汉：武汉大学出版社，2014.

[44]李伟．优秀员工必修的职业精神[M]．北京：中国商业出版社，2014.

[45]吴元其，等．管理沟通——理论·实务·趋势[M]．合肥：合肥工业大学出版社，2011.

[46]刘伟．跨文化交流能力构建[M]．徐州：中国矿业大学出版社，2014.

[47]吴冰冰，于运全．“一带一路”案例实践与风险防范(文化篇)[M]．北京：海洋出版社，2017.

[48]彭剑锋，云鹏．海尔能否重生：人与组织关系的颠覆与重构[M]．杭州：浙江大学出版社，2015.

[49]谢玉华，李亚伯．管理沟通　理念·技能·案例[M]．大莲：东北财经大学出版社，2017.

[50]靳娟．国际商务文化[M]．北京：首都经济贸易大学出版社，2013.

[51]彭仁忠．并购企业文化整合研究[M]．武汉：武汉大学出版社，2015.

[52]胡羚燕．跨文化人力资源管理[M]．武汉：武汉大学出版社，2018.

[53]刘丽娜．沃顿商学院财商课[M]．北京：中国法制出版社，2016.

[54]冯晓．哈佛财商课[M]．北京：中国言实出版，2014.

[55]程琳．北大财商课[M]．北京：中国城市出版社，2013.

[56]林一鸣．FQ 财商[M]．北京：中国轻工业出版社，2006.

[57]高国伟．不可不知的 1000 个财经常识(经济版)[M]．北京：中国法制出版社，2016.

[58]王允平，陈燕．跨国公司财务管理(第四版)[M]．北京：首都经济贸易大学出版社，2016.

[59]杨婧．你不理财财不理你[M]．北京：中国华侨出版社，2014.

[60][美]查里斯·B. 卡尔森．成为百万富翁的八个步骤[M]．李矿，杨志凯，译．北京：新华出版社，2001.

[61]林一，刘珺．跨文化交流案例分析[M]．北京：经济日报出版社，2012.

[62]杨剑，周天生．管理沟通[M]．北京：中央广播电视大学出版社，2014.

[63]赵启正．跨国经营公共外交十讲[M]．北京：新世界出版社，2014.

[64]刘红，马祯．国际金融[M]．北京：对外经济贸易大学出版社，2016.

[65]李建军，李贵苍．跨文化交际[M]．武汉：武汉大学出版社，2011.

[66]夏新燕，徐娟玲．商务沟通[M]．北京：中国铁道出版社，2016.

[67]陈琦，刘儒德．当代教育心理学[M]．北京：北京师范大学出版社，2009.

[68]张大均．教育心理学(第三版)[M]．北京：人民教育出版社，2015.

[69]彭聃龄．普通心理学(第四版)[M]．北京：北京师范大学出版社，2012.

[70]林德全，徐秀华．学习概论[M]．郑州：河南大学出版社，2013.

[71][美]安德斯·艾利克森，[美]罗伯特·普尔．刻意练习：如何从新手到大师[M]．王正林，译．北京：机械工业出版社，2016.

[72][美]芭芭拉·奥克利．学习之道[M]．教育无边界字幕组，译．北京：机械工业出版社，2016.

[73]宋莹．思维导图从入门到精通[M]．北京：北京大学出版社，2018.

[74]王世民，缪志聪．学习力：颠覆职场学习的高效方法[M]．北京：电子工业出版社，2018.

[75]周沫．工作就是解决问题[M]．北京：中国华侨出版社，2011.

[76]贝克．把握分析问题的九个方面[M]．北京：地震出版社，2003.

[77]林大雍．高效问题分析与解决[M]．北京：北京理工大学出版社，2015.

[78]弗洛伊德工作坊．拿来就用的职场升迁心理学[M]．北京：中国华侨出版社，2012.

[79]姚东明，何春生．创新学基础[M]．上海：上海科学技术出版社，2007.

[80][日]出口治明．当机立断　通过“数字·事实·逻辑”做决定[M]．黄宝虹，

译. 南昌：江西人民出版社，2018.

[81]李玉杰. 心理学[M]. 沈阳：辽宁教育出版社，2009.

[82]邱章乐，鲁峰，汪明. 创造心理学[M]. 合肥：合肥工业大学出版社，2011.

[83]霍彧. 现代职业人 能力素质篇[M]. 苏州：苏州大学出版社，2017.

[84]李美华. 心理学与生活[M]. 长沙：湖南师范大学出版社，2017.

[85]吉家乐. 哈佛思维训练课(第二册)[M]. 北京：中国华侨出版社，2015.

[86]张庆林，邱江. 思维心理学[M]. 重庆：西南师范大学出版社，2007.

[87]曹浩德. 制度是最好的老板2：流程是最好的管理[M]. 广州：广东经济出版社，2017.

[88]李颖. 创意思维与实践[M]. 北京：中国轻工业出版社，2016.

[89]王奇珍，王瑛. 赢在识人：企业识人七要素及测评工具应用[M]. 北京：中国财富出版社，2015.

[90]沈环，周彦良. 心理学教程[M]. 北京：北京理工大学出版社，2017.

[91]杜玫，詹丽峰. 心理学(修订版)[M]. 武汉：湖北科学技术出版社，2013.

[92]刘凤林，杨广柱，耿希峰. 心理学[M]. 哈尔滨：哈尔滨工程大学出版社，2010.

[93]乌云娜. 创新力[M]. 北京：国家行政学院出版社. 2012.

[94]宋晋生. 创造学与创造工程[M]. 西安：陕西科学技术出版社，2015.

[95]王仁法. 创新创造的思维工具：类比逻辑[M]. 广州：暨南大学出版社，2017.

[96][美]罗恩·布里斯. IQ提速：提高脑力的101个要点[M]. 陶金，译. 北京：当代世界出版社，2015.

[97]林坚，王东胜，刘江华. 创新理论与实践概论[M]. 北京：中国传媒大学出版社，2016.

[98]郭金玫，珠兰. 大学生创新创业基础[M]. 上海：上海交通大学出版社，2017.

[99]吕丽，流海平，顾永静. 创新思维：原理·技法·实训(第二版)[M]. 北京：北京理工大学出版社，2017.

[100]王怀明，王君南，张欣平．管理沟通[M]．济南：山东人民出版社，2007.

[101]张华．管理沟通[M]．成都：电子科技大学出版社，2017.

[102]赵振宇．管理沟通：理论与实践[M]．杭州：浙江大学出版社，2014.

[103]李忠秋．结构思考力[M]．北京：电子工业出版社，2014.

[104]周晓垣．股权融资整体解决方案[M]．北京：台海出版社，2018.

[105]陈建伟．职场沟通学[M]．北京：民主与建设出版社，2016.

[106]汪建民．要说别人想听的话[M]．北京：北京工业大学出版社，2013.

[107]杜慕群，朱仁宏．管理沟通(第二版)[M]．北京：清华大学出版社，2014.

[108]王华斌．大学生全脑学习法[M]．北京：中国时代经济出版社，2006.

[109][美]皮特金．学习的艺术：如何学习和学什么[M]．洪友，译．北京：中国发展出版社，2006.

[110]于喜展，孙志梅．信息检索实践教程[M]．南京：南京大学出版社，2017.

[111]张永忠．信息检索与利用(第二版)[M]．上海：复旦大学出版社，2016.